essentials liefern aktuelles Wissen in konzentrierter Form. Die Essenz dessen, worauf es als „State-of-the-Art" in der gegenwärtigen Fachdiskussion oder in der Praxis ankommt. *essentials* informieren schnell, unkompliziert und verständlich

- als Einführung in ein aktuelles Thema aus Ihrem Fachgebiet
- als Einstieg in ein für Sie noch unbekanntes Themenfeld
- als Einblick, um zum Thema mitreden zu können

Die Bücher in elektronischer und gedruckter Form bringen das Expertenwissen von Springer-Fachautoren kompakt zur Darstellung. Sie sind besonders für die Nutzung als eBook auf Tablet-PCs, eBook-Readern und Smartphones geeignet. *essentials:* Wissensbausteine aus den Wirtschafts-, Sozial- und Geisteswissenschaften, aus Technik und Naturwissenschaften sowie aus Medizin, Psychologie und Gesundheitsberufen. Von renommierten Autoren aller Springer-Verlagsmarken.

Weitere Bände in der Reihe http://www.springer.com/series/13088

Oksana Ableitner

Einführung in die Molekularbiologie

Basiswissen für das Arbeiten mit DNA
und RNA im Labor

2., überarbeitete Auflage

 Springer Spektrum

Oksana Ableitner
Graz, Österreich

ISSN 2197-6708   ISSN 2197-6716   (electronic)
essentials
ISBN 978-3-658-20623-9   ISBN 978-3-658-20624-6   (eBook)
https://doi.org/10.1007/978-3-658-20624-6

Die Deutsche Nationalbibliothek verzeichnet diese Publikation in der Deutschen Nationalbibliografie; detaillierte bibliografische Daten sind im Internet über http://dnb.d-nb.de abrufbar.

Springer Spektrum

Fotos: Autorin Grafiken: Natascha Eibl

Gedruckt auf säurefreiem und chlorfrei gebleichtem Papier

Springer Spektrum ist Teil von Springer Nature
Die eingetragene Gesellschaft ist Springer Fachmedien Wiesbaden GmbH
Die Anschrift der Gesellschaft ist: Abraham-Lincoln-Str. 46, 65189 Wiesbaden, Germany

Was Sie in diesem *essential* finden können

- Was DNA ist und wie sie aufgebaut ist
- Was ein Nukleotid ist und welche Arten es gibt
- Welche Unterschiede es zwischen DNA und RNA gibt
- Was ein Gen ist und woraus es besteht
- Welche Methoden des Gen-Nachweises es gibt
- Wie man Gene sichtbar machen kann
- Aufgrund welcher DNA-Eigenschaften die gelelektrophoretische Auftrennung der DNA-Fragmente funktioniert
- Was mit der DNA in jedem PCR-Schritt passiert
- Worin der Unterschied zwischen TaqMan-PCR und Hybridisierungs-PCR liegt
- Eine Erklärung, wie Primer designt werden und wie man die spezifische Sequenz dazu im Gen findet
- Eine Beschreibung der PFGE- und MLST-Methoden
- Warum man im Labor Ethidiumbromid braucht
- Wie man Bakterienstämme miteinander vergleichen kann
- Wie man eine Gen-Sequenz bestimmen und damit einen genetischen Code entschlüsseln kann
- Welche Reagenzien man für unterschiedliche molekularbiologische Methoden braucht
- Warum molekularbiologische Methoden die Methoden der Zukunft sind
- Wie ein Microarray aussieht
- Wie man Ansteckungsquellen ermitteln kann
- Welche Formeln man kennen sollte, um Lösungen im Labor herstellen zu können

Vorwort zur 2. Auflage

Ich habe mich sehr gefreut, dass mein Versuch, die Grundlagen der Molekularbiologie möglichst einfach zu erklären, auf einen dankbaren Leser gestoßen ist. Wie jeder Autor bemühe ich mich stets mein Buch zu verbessern. Nach der ersten Auflage habe ich viele Rückmeldungen von Studenten und meinen Arbeitskollegen erhalten, die mich dazu bewogen haben, an manchen Stellen im Buch die Vorgänge noch detaillierter zu beschreiben.

Im gesamten Buch habe ich die Korrekturen bei den Formulierungen vorgenommen und mit weiteren Bildern vervollständigt. Das Kapitel „Molekularbiologische Methoden" habe ich komplett überarbeitet und in diesem Zusammenhang eine zusätzliche „MLST-Methode" hinzugefügt. Es erschien mir logisch, die Sequenzierung mit der MLST-Methode zu vervollständigen, um praktische Anwendungsgebiete aufzuzeigen.

Dieses Buch richtet sich an alle, die sich für die Erbinformation interessieren. Welche materielle Grundlage haben unsere Gene? Wie kann man die Gene nachweisen? Es können die Gymnasiasten oder Studenten sein, aber auch die Leser, die früher mit Biologie oder Chemie nicht viel zu tun hatten.

In letzter Zeit werden mehr und mehr Labors von mikrobiologischen Methoden auf molekularbiologische Methoden umgestellt. Für die Mitarbeiter, die in ihrer Grundausbildung keine oder wenig Molekularbiologie hatten, wird mein Buch auch sehr hilfreich sein, um neue Methoden zu verstehen und sie zu beherrschen.

Eine neue Auflage würde nie ohne Rückmeldungen von meinen Lesern statt-
finden. Ich bin allen für ihr Feedback dankbar, die mich auf neue Ideen zur Erklärung der Begriffe gebracht und Hinweise auf Fehler gegeben haben. Ich hoffe,
dass mein Buch noch vielen Menschen den Einstieg in die Molekularbiologie
erleichtert und das Interesse an ihr weckt.

Graz   Oksana Ableitner
Oktober 2017

Vorwort zur 1. Auflage

Viele Menschen verbinden mit den Begriffen Biochemie und Molekularbiologie einen unverständlichen und sehr komplizierten Wissensbereich. Auch ich hatte Schwierigkeiten. Nach einer missglückten Prüfung in Biochemie hatte ich ein Minimum an Zeit, um mich für die Wiederholungsprüfung vorzubereiten. Das Internet gab mir viel zu viele Informationen; es war mir keine Hilfe im Verstehen der Grundlagen der Biochemie. Ich habe daher für mich selbst eine Methode entwickelt, um mir die kompliziertesten Formeln und chemischen Gleichungen zu merken.

Um die Grundlagen der Biochemie zu verstehen, braucht man viele Bilder, die dazu dienen, abstraktes Wissen zu visualisieren. Um mit Erfolg lernen zu können, war es daher auch für mich wichtig, viel zu zeichnen und zu schreiben.

Während meiner Lehrtätigkeit konnte ich meine Erkenntnisse meinen Schülern erfolgreich weitergeben.

Jedes Fach wird interessant, wenn man die Grundlagen in allen Einzelheiten versteht. Dann hat man die Möglichkeit, darauf aufzubauen, und plötzlich ist man von Biochemie voll begeistert.

Dieses Buch soll nicht nur eine Hilfe für Schüler und Studenten sein, sondern auch für alle, die sich für das Arbeiten im molekularbiologischen Labor interessieren.

Die Bedeutung der Molekularbiologie in unserer Zeit nimmt zu. Immer mehr molekularbiologische Labors werden gegründet, um klinische Proben mit molekularbiologischen Methoden zu untersuchen. Analysemethoden der Molekularbiologie sind sensitiv, spezifisch und schnell. Sie werden in unterschiedlichen Bereichen eingesetzt.

Einige seien hier angeführt:

- Ermittlung der Vaterschaft
- Feststellung der Neigung zu bestimmten Krankheiten
- Bestimmung von genetisch übertragbaren Krankheiten

- Identifizierung von Krankheitserregern (z. B. Bakterien oder Viren)
- Ausbruchsabklärung (Ermittlung der Ansteckungsquelle)
- Feststellung der Mutationen in bestimmten Genen (Ursache für eine Krankheit)
- Feststellung der Anwesenheit oder Abwesenheit eines Gens

In diesem Buch werden zuerst die grundlegenden Begriffe erklärt, die man für das Verständnis der danach folgenden molekularbiologischen Methoden benötigt. Zum Schluss wird das Wichtigste noch einmal in Stichwörtern zusammengefasst, um den Lehrstoff besser wiederholen zu können. Um bestimmte Begriffe nachzuschlagen, befindet sich das Glossar am Ende des Buches.

Neben molekularbiologischen Begriffen sollen Strukturen und Zusammenhänge Schritt für Schritt einfach erklärt und durch Illustrationen verständlich gemacht werden.

Das Ziel dieses Buches ist es, den bestehenden Wissensstand möglichst verständlich zu erläutern und Leser verschiedener Altersgruppen für die Molekularbiologie zu begeistern.

Graz   Oksana Ableitner
Juli 2014

Inhaltsverzeichnis

1 Grundlegende Begriffe der Molekularbiologie 1
  1.1 Nukleinsäuren – Träger des Erbgutmaterials. 1
  1.2 Bausteine der Nukleinsäuren 3
  1.3 Räumliche Struktur der Nukleinsäuren 10
  1.4 Zusammenfassung des Kapitels. 18

2 Molekularbiologische Methoden 19
  2.1 Polymerasekettenreaktion (PCR) – Methode zur
     Vervielfältigung von DNA-Fragmenten. 19
     2.1.1 PCR-Reagenzien 26
     2.1.2 Vorbereitung und Durchführung einer PCR. 27
  2.2 Gelelektrophorese 32
  2.3 Real-time Polymerasekettenreaktion 36
     2.3.1 Real-time PCR mit einer TaqMan-Sonde
         (TaqMan-PCR). 37
     2.3.2 Real-time PCR mit Hybridisierungs-Sonden
         (Hybridisierungs-PCR) 41
     2.3.3 Vergleich zwischen TaqMan-PCR und
         Hybridisierungs-PCR. 46
  2.4 Sequenzierung 47
  2.5 MLST. 52
  2.6 Microarray-Technologie. 56
  2.7 PFGE 58

3   Chemisches Rechnen im Labor 65

   3.1   Stoffmenge 65

   3.2   Herstellung von Lösungen. Verdünnung 66

   3.3   Zusammenhänge zwischen Masse (m), Molmasse (M),
           Stoffmenge (n) und Volumen (V). 67

4   „Molbio" in Stichworten 69

Glossar 77

Literatur. 83

Grundlegende Begriffe der Molekularbiologie

1.1 Nukleinsäuren – Träger des Erbgutmaterials

In einem molekularbiologischen Labor untersucht man mittels unterschiedlicher Methoden das **Erbgutmaterial** verschiedenster Lebewesen. Für die molekularbiologischen Methoden wurden spezielle Geräte und Werkzeuge entwickelt, die das Arbeiten mit sehr kleinen Flüssigkeitsvolumen (1 **µl** $= 0{,}000001$ L) erlauben. Um sich so kleine Volumina vorzustellen, genügt es, einen Wassertropfen zu betrachten, der zwischen 25 µl und 50 µl Wasser enthält.

Die gesamte Information über alle Merkmale eines Lebewesens (Bauplan) ist in einer sehr **langen Kette** aus verschiedenen Molekülen festgelegt. Auf dieser Kette befinden sich viele unterschiedlich lange Abschnitte, die für bestimmte Eigenschaften eines Lebewesens verantwortlich sind. Jeder Abschnitt repräsentiert jeweils ein **Gen,** das für ein Merkmal verantwortlich ist.

In Abb. 1.1 ist der „Baukasten des Lebens" dargestellt. Von unten nach oben gelesen, bilden drei verschiedene Moleküle (Phosphat, Zucker, Stickstoffbase) jeweils ein **Nukleotid,** das man als „Baustein des Lebens" bezeichnen kann. Jedes Nukleotid besteht aus einem Phosphat, einem Zucker (Ribose oder Desoxyribose) und einer von fünf Stickstoffbasen (A, T oder U, G, C). Die Nukleotide verbinden sich zu einer Kette. Ein bestimmter Abschnitt dieser Kette, z. B. 1664 Nukleotide lang, ist ein **Gen.** Viele Gene bilden eine sehr lange Kette, die **Nukleinsäure** genannt wird. Die Nukleinsäure enthält den **genetischen Code** (Bauplan) eines Lebewesens. Alle erwähnten Begriffe werden in den folgenden Kapiteln genauer erklärt.

© Springer Fachmedien Wiesbaden GmbH 2018
O. Ableitner, *Einführung in die Molekularbiologie,* essentials,
https://doi.org/10.1007/978-3-658-20624-6_1

Abb. 1.1 „Baukasten des
Lebens". Struktureinheiten
des genetischen Codes

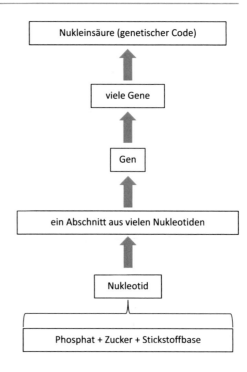

Es gibt zwei Arten von Nukleinsäuren:

1. **D**es-oxy-ribo-**n**uklein-**s**äure (DNS), eng. DNA (das „A" bei DNA steht für „acid").
2. **R**ibo-**n**uklein-**s**äure (RNS), eng. RNA (das „A" bei RNA steht für „acid").

Auf die Unterschiede zwischen diesen beiden Nukleinsäuren wird in weiteren Kapiteln näher eingegangen.

Die Beispiele der Lebewesen mit den beiden Nukleinsäure-Arten sind in der Tab. 1.1 aufgeführt.

Die früheste Entdeckung der Nukleinsäuren wurde in den **Kernen** der menschlichen Leukozyten (weiße Blutkörperchen) gemacht. Daher tragen sie in der Bezeichnung das Wort „Nuklein" (lat. **„nucleus"** = Kern). „Säuren" heißen sie, weil die Bausteine der Kette, die Nukleotide, **Säuren** sind. In den Zellen liegt die **DNA** in Form von zwei Ketten, **doppelsträngig,** vor. Das bedeutet, dass zwei Einzelstränge (Ketten) durch kleine Brücken, **Wasserstoffbindungen,** zusammengehalten werden. Die **RNA** dagegen existiert in der Regel in Form eines **Einzelstranges.**

Tab. 1.1 Vorkommen der DNA und RNA in den Lebewesen

Lebewesen	Beispiel	Träger der Erbinformation	Länge der DNA-bzw. RNA-Kette
Viren	Hepatitis-B-Virus[a]	DNA	42 nm = 0,000000042 m
Viren	Tollwut-Virus[b]	RNA	100 nm = 0,0000001 m
Bakterien	Escherichia coli[c]	Zirkuläre DNA	1,4 mm = 0,0014 m
Eukaryoten (Zellkernhaltige)	Hausmaus[c]	Chromosomale DNA im Zellkern	89 cm = 0,89 m
Eukaryoten (Zellkernhaltige)	Mensch[c]	Chromosomale DNA im Zellkern	99 cm = 0,99 m

[a, b]Suerbaum 2016, S. 579, 499
[c]Graw 2006, S. 241

1.2 Bausteine der Nukleinsäuren

Die Struktureinheit der Nukleinsäure, das **Nukleotid,** besteht aus drei verschiedenen Komponenten. Diese sind: ein **Phosphat,** ein **Zucker** und eine **Stickstoffbase** – kurz Base (Abb. 1.2).

Die *erste Komponente* des Nukleotides ist das **Phosphat.** Aufgrund der Eigenschaften des Phosphates besitzt die DNA eine **negative Ladung.** Diese Eigenschaft der DNA wird für die analytischen Methoden im Labor, z. B. für die Gelelektrophorese, genutzt. Um die Entstehung dieser negativen Ladung verstehen zu können, betrachtet man zuerst das Molekül der Phosphorsäure (Abb. 1.3).

Abb. 1.2 Schematische Darstellung der Komponenten eines Nukleotides

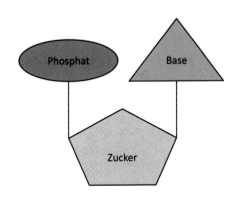

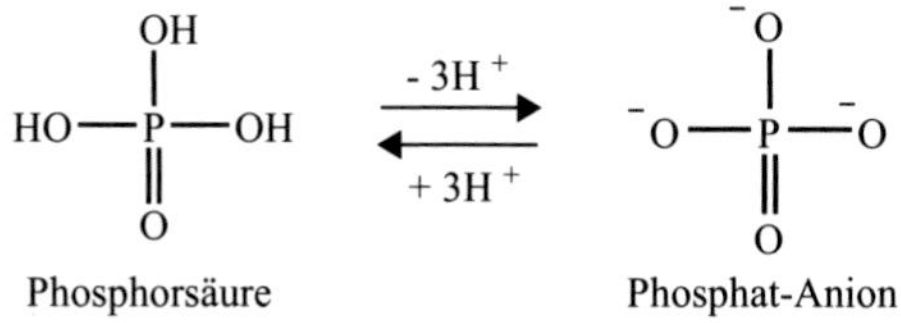

Abb. 1.3 Übergangsformen der Phosphorsäure

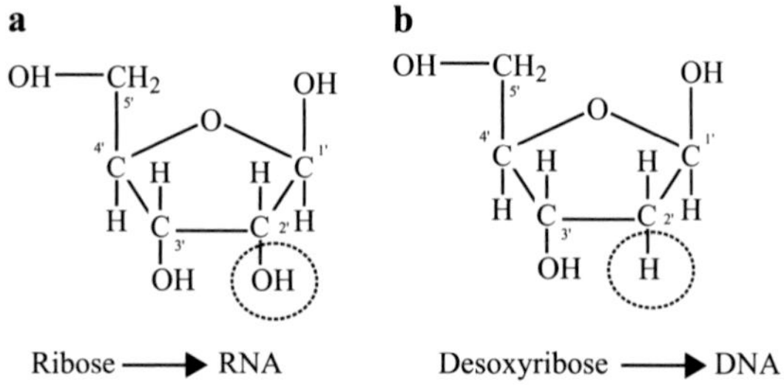

Abb. 1.4 Strukturformeln
von der Ribose (**a**) und
Desoxyribose (**b**)

Aufgrund der Wechselwirkungen mit Wasser befindet sich die Phosphorsäure in der wässrigen Lösung, ebenso wie die Nukleinsäure, in einem Gleichgewicht zwischen einem **neutralen Molekül der Säure** und einem **negativ geladenen Phosphat-Anion.** In Abb. 1.3 sind diese beiden Übergangsformen (Säuremolekül und Phosphat-Anion) der Phosphorsäure abgebildet. Im Phosphat-Anion entsteht eine negative Ladung durch Verlust von Wasserstoffatomen „H" bei drei Sauerstoffatomen „O".

Die *zweite Komponente* des Nukleotides ist **Zucker.** In den Nukleotiden können zwei Zuckerarten vorkommen: **Ribose** (in der RNA) und **Desoxyribose** (in der DNA). Den Unterschied zwischen diesen zwei Molekülen kann man in Abb. 1.4 erkennen. Bei der Desoxyribose fehlt ein Sauerstoffatom „O" bei dem zweiten Kohlenstoffatom „C" („desoxy" bedeutet „ohne einen Sauerstoff"). Man nummeriert die Atome im Fünfeck der Ribose im Uhrzeigersinn, ab dem ersten rechten Kohlenstoffatom. Die Kohlenstoffatome im Fünfeck der Zucker bezeichnet man mit einer Zahl und einem hochgestellten Strich.

Die *dritte Komponente* des Nukleotides ist eine **Stickstoffbase,** die aus einem oder zwei Kohlenstoffringen bestehen kann.

Es gibt **fünf Arten** von Stickstoffbasen, die in den Nukleinsäuren vorkommen: **Adenin (A), Thymin (T), Guanin (G), Cytosin (C)** und **Uracil (U).** Die Strukturformeln dieser fünf Basenarten zeigt Abb. 1.5. Die ersten vier Stickstoffbasen (A, T, G, C) kommen in den Nukleotiden vor, die einen DNA-Strang bilden. In

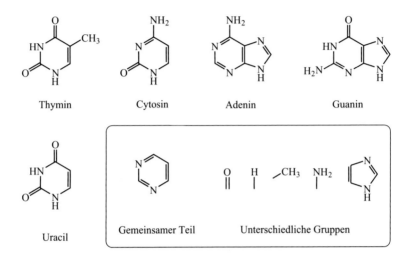

Thymin   Cytosin   Adenin   Guanin

Uracil   Gemeinsamer Teil   Unterschiedliche Gruppen

Abb. 1.5 Strukturformeln von Stickstoffbasen

Tab. 1.2 Vorkommen der Stickstoffbasen in Nukleinsäuren

Nukleinsäure	Stickstoffbasen = Basen
Desoxyribonukleinsäure (DNA)	Adenin (A), Thymin (T), Guanin (G), Cytosin (C)
Ribonukleinsäure (RNA)	Adenin (A), Uracil (U), Guanin (G), Cytosin (C)

den Nukleotiden, welche die RNA bilden, sind auch A, G, C zu finden. Anstelle von Thymin jedoch kommt in der **RNA** die fünfte Stickstoffbase **Uracil** (U) vor.

In Tab. 1.2 ist das Vorkommen der Stickstoffbasen in beiden Nukleinsäure-Arten aufgelistet.

In der organischen Chemie, Biochemie und Molekularbiologie werden oft Strukturformeln von chemischen Verbindungen in sehr vereinfachter Form dargestellt. Um die Vereinfachungsschritte zu erklären, wird in Abb. 1.6 die Reduktion der Bindungsstriche und Atome anhand der Strukturformel des **Thymins** gezeigt. Dieses Molekül ist aus vier Atomarten gebaut:

„C"   Kohlenstoff
„H"   Wasserstoff
„O"   Sauerstoff
„N"   Stickstoff

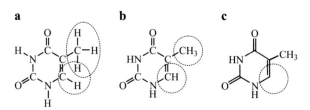

Abb. 1.6 Darstellung von Thymin (**a**) mit allen Atomen und Bindungen (Strichen), (**b**) teilweise vereinfacht, (**c**) maximal vereinfachte Darstellung

Das Gerüst des Thymins bilden die Kohlenstoffatome „**C**" mit der Valenz „4" und die Stickstoffatome „**N**" mit der Valenz „3". Das bedeutet, dass jedes Kohlenstoffatom vier Bindungen, die als Striche in den Formeln gezeigt werden, mit anderen Atomen eingehen kann. Das Stickstoffatom kann drei Bindungen mit den anderen Atomen eingehen (Abb. 1.6a). Neben Stickstoff und Kohlenstoff sind Sauerstoff mit der Valenz „2" und Wasserstoff mit der Valenz „1" dargestellt. Entsprechend zur Valenz hat jedes Wasserstoffatom „**H**" einen Strich und jedes Sauerstoffatom „**O**" zwei Striche.

In Abb. 1.6 wird gezeigt, wie die übliche Darstellung von Thymin zustande kommt. Im Bild (a) sieht man zuerst alle Atome und alle Bindungsstriche, die die Strukturformel des Thymins bilden. Im Bild (b) wird, der Vereinfachung wegen, auf die Bindungsstriche zwischen manchen Kohlenstoffatomen „**C**" und den Wasserstoffatomen „**H**" verzichtet. Die Striche zwischen den Stickstoffatomen „**N**" und den Wasserstoffatomen „**H**" werden auch weggelassen. In Bild (c) wird auf alle Kohlenstoffatome „**C**" im Sechseck verzichtet. In wissenschaftlichen Büchern wird Thymin am häufigsten auf die Weise dargestellt, die in Bild (c) gezeigt ist.

Um später die Bildung des Nukleotides zu verstehen, betrachtet man zuerst seine Vorstufe. Die Vorstufe zu einem Nukleo**tid** ist ein Nukleo**sid** (Abb. 1.7). Der Unterschied zwischen den beiden liegt darin, dass das Nukleo**tid** aus allen drei Komponenten (**Phosphat, Zucker, Base**) und das Nukleo**sid** nur aus zwei Komponenten (**Base und Zucker**) bestehen. In Abb. 1.7 sind zwei Nukleoside abgebildet. Das erste, **Adenosin,** kommt in der RNA vor und das zweite, **Desoxyadenosin,** dagegen in der DNA.

Adenin + Ribose = Adenosin

Adenin + Desoxyribose = Desoxyadenosin

Um einen Nukleotid aus einem Nukleosid zu bilden, hängt man ein Phosphat an den Zucker an, so wie es in Abb. 1.8 gezeigt ist.

Abb. 1.7 Struktur der
Nukleoside: Adenosin und
Desoxyadenosin

Adenosin (RNA)   Desoxyadenosin (DNA)

Somit ist Adenosin ein Teil des Adenosinmonophosphates, eines Nukleotides. Um sich die Strukturformel eines Nukleotides zu merken, ist in Abb. 1.8 ein langsamer Übergang von der schematischen zur chemisch-strukturellen Darstellung gezeigt. Von Bild zu Bild wird jeweils ein Schema durch die entsprechende chemische Formel ersetzt.

Wie bereits erwähnt, befindet sich die Nukleinsäure in der wässrigen Lösung in einem Gleichgewicht zwischen einem **neutralen Molekül** der **Nukleosidphosphorsäure** und einem **negativ geladenen Nukleosidphosphat-Anion**. In Abb. 1.9 sind beide Übergangsformen der Adenosinmonophosphorsäure zu sehen.

Es gibt drei Varianten der Adenosinphosphorsäure: Adenosin-**mono**-phosphorsäure, Adenosin-**di**-phosphorsäure und Adenosin-**tri**-phosphorsäure. Der Unterschied zwischen den Varianten liegt in der Anzahl der Phosphatreste. In Abb. 1.10 sind alle drei Varianten (**AMP, ADP, ATP**) der Adenosinphosphorsäure dargestellt.

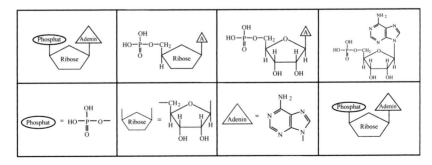

Abb. 1.8 Struktur der Adenosinmonophosphorsäure, eines Nukleotides (Phosphat + Ribose + Adenin = Adenosinmonophosphorsäure)

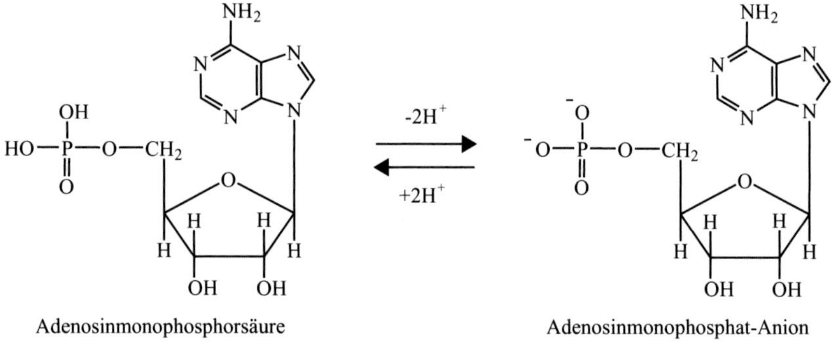

Adenosinmonophosphorsäure   Adenosinmonophosphat-Anion

Abb. 1.9 Übergangsformen der Adenosinmonophosphorsäure (AMP)

Phosphat + Ribose + Adenin= Adenosin-mono-phosphat

Adenosinmonophosphorsäure
(AMP)

Diphosphat + Ribose + Adenin= Adenosin-di-phosphat

Adenosindiphosphorsäure
(ADP)

Triphosphat + Ribose + Adenin= Adenosin-tri-phosphat

Adenosintriphosphorsäure
(ATP)

Adenosin-tri-phosphat ⇄ Adenosin-tri-phosphor-säure

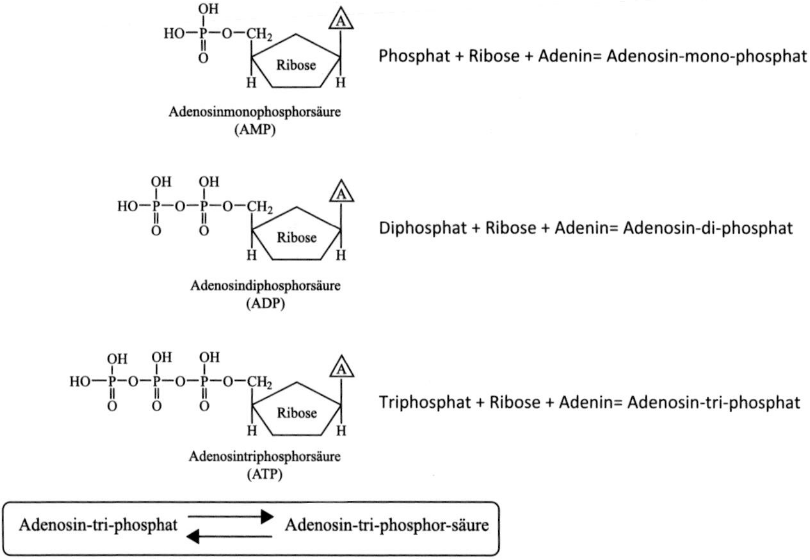

Abb. 1.10 Struktur von Varianten der Adenosinphosphorsäure (AMP, ADP, ATP)

Anhand der Abkürzung ATP kann man nicht feststellen, ob die negativ gela-
dene Anion-Form (Nukleosid-Phosphat) oder die neutrale Molekül-Form
(Nukleosid-Phosphorsäure) gemeint ist. Da jedoch in der Lösung beide Über-
gangformen vorhanden sind, ist es irrelevant, ob man Nukleosidphosphat oder
Nukleosidphosphorsäure mit der Abkürzung ATP meint. Die Namen von beiden

Tab. 1.3 Bezeichnungen für die Übergangsformen der Nukleotide

Stickstoffbase	Nukleosid	Nukleotid in Anion-Form (negativ geladen)	Nukleotid in Molekül-Form (ohne Ladung)
Adenin	Aden**osin**	Adenosinmonophosphat (AMP)	Adenosinmonophosphorsäure (AMP)
Guanin	Guan**osin**	Guanosinmonophosphat (GMP)	Guanosinmonophosphorsäure (GMP)
Cytosin	Cyt**idin**	Cytidinmonophosphat (CMP)	Cytidinmonophosphorsäure (CMP)
Thymin	Thym**idin**	Thymidinmonophosphat (TMP)	Thymidinmonophosphorsäure (TMP)
Uracil	Ur**idin**	Uridinmonophosphat (UMP)	Uridinmonophosphorsäure (UMP)

Adenin + Desoxyribose = Desoxy-adenosin (Desoxyribonukleo**sid**)
Adenin + Desoxyribose + Triphosphat = Desoxy-adenosin-triphosphor-säure (Desoxyribonukleo**tid**) d**ATP**

Übergangsformen der Nukleotide sind in Tab. 1.3 aufgeführt. Um Abkürzungen von Nukleotiden in anderen Büchern sofort zu erkennen und interpretieren zu können, ist es wichtig, alle Formen der Nukleotide kennenzulernen.

Mithilfe der Tab. 1.4 kann man unterschiedliche Nukleotid-Formen üben.

Tab. 1.4 Komponenten der Nukleotide und Desoxynukleotide

Base		Nukleosid	Nukleotide					
			Ribo-nukleotide			**Desoxyribo-nukleotide**		
			Ribo-nukleosid-phosphat			Desoxy-ribo-nukleosid-phosphat		
			Mono-	Di-	Tri-	Mono-	Di-	Tri-
Adenin	A	Adenosin	AMP	ADP	ATP	dAMP	dADP	dATP
Guanin	G	Guanosin	GMP	GDP	GTP	dGMP	dGDP	dGTP
Cytosin	C	Cytidin	CMP	CDP	CTP	dCMP	dCDP	dCTP
Thymin	T	Thymidin	–	–	–	dTMP	dTDP	dTTP
Uracil	U	Uridin	UMP	UDP	UTP	–	–	–

So spricht man es richtig aus:
Adenin + Ribose + Triphosphat = Adenosin-triphosphat (Nukleo**tid**) ATP
Adenin + Desoxyribose + Triphosphat = Desoxy-Adenosin-triphosphat (Nukleo**tid**) dATP
Guanin + Ribose + Diphosphat = Guanosin-diphosphat (Nukleo**tid**) GDP
Cytosin + Desoxyribose + Diphosphat = Desoxy-Cytidin-diphosphat (Nukleo**tid**) dCDP
Thymin + Desoxyribose + Diphosphat = Desoxy-Thymidin-diphosphat (Nukleo**tid**) dTDP

1.3   Räumliche Struktur der Nukleinsäuren

Die Nukleotide sind die Struktureinheiten der Nukleinsäuren. Um eine Kette zu bilden, verbinden sich die Nukleotide an den freien Hydroxylgruppen (-OH) miteinander.

Jedes Nukleotid besitzt **zwei freie Hydroxylgruppen** (-OH). Wie aus der Abb. 1.11 ersichtlich ist, enthält der **Phosphatrest,** der mit dem **fünften** Atom des **Zuckers** verbunden ist, die erste freie Hydroxylgruppe. Deswegen heißt dieses Ende das **5'-Ende** (ausgesprochen: fünf Strich Ende), das immer gleichzeitig der Anfang eines Stranges ist.

Die zweite freie Hydroxylgruppe ist mit dem **dritten** Atom des **Zuckers** verbunden. Deswegen heißt dieses Ende das **3'-Ende** (ausgesprochen: drei Strich Ende). Der Anfang des Nukleinsäurestranges ist immer am **5'-Ende.** Somit ist die Richtung des DNA- oder RNA-Stranges von **5'-Ende nach 3'-Ende** (5'→3').

Es ist sehr wichtig, den Anfang des Stranges zu beachten, um die Nukleotid-Reihenfolge, die **Sequenz,** immer gleich richtig abzulesen.

Die verschiedenen Nukleotide verbinden sich zuerst zu einem Dinukleotid, dann zu einem Trinukleotid und so weiter zu einem **Polynukleotid** (Abb. 1.12). Die Reihenfolge der Nukleotide bildet die **Primärstruktur** der Nukleinsäuren, die sogenannte **Sequenz** (Abb. 1.13 und 1.14).

Somit setzen sich die Nukleinsäuren aus Millionen von Nukleotiden zusammen, die durch ihre **Phosphatreste** miteinander verbunden sind.

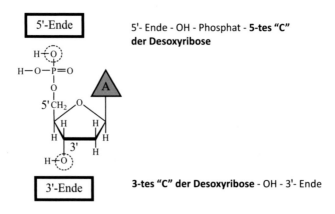

Abb. 1.11 Darstellung der beiden Enden von einem Nukleotid: 5'-Ende und 3'-Ende

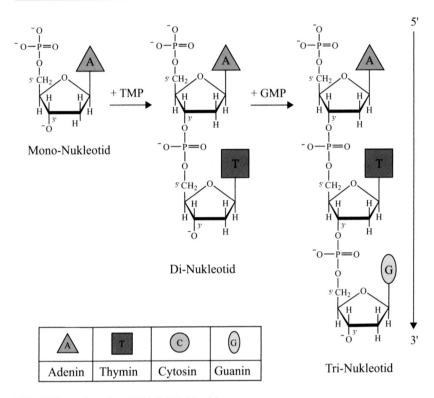

Abb. 1.12 Aufbau eines DNA-Tri-Nukleotides

Um die Darstellung der Polynukleotide zu vereinfachen, wurde zwischen den Wissenschaftlern eine Vereinbarung getroffen. Sie haben beschlossen, nur die **Buchstaben** der **Basen** in eine Reihe mit der Richtung $5' \rightarrow 3'$ zu schreiben.

Anstatt die Riesenformeln eines Tetra-Nukleotides (Abb. 1.13) zu zeichnen, reicht es „5' -ATGC-3'" anzugeben. Wie nützlich eine solche Vereinfachung sein kann, sieht man in Abb. 1.15. Das unten angeführte Gen „stx", mit der Nummer „L11079.1", ist für die Toxinproduktion bei manchen Stämmen der *Escherichia coli* (abgekürzt *E. coli*) verantwortlich. Das Gen besteht aus 1462 Nukleotiden, die als Buchstabenreihen in Abb. 1.15 dargestellt sind.

Es wären mehrere Seiten notwendig gewesen, um diesen DNA-Abschnitt mit chemischen Formeln darstellen zu können.

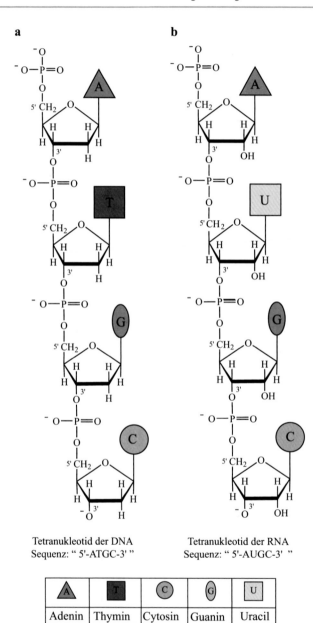

Tetranukleotid der DNA
Sequenz: " 5'-ATGC-3' "

Tetranukleotid der RNA
Sequenz: " 5'-AUGC-3' "

A	T	C	G	U
Adenin	Thymin	Cytosin	Guanin	Uracil

Abb. 1.13 Struktur eines Tetranukleotides der DNA (**a**) und der RNA (**b**)

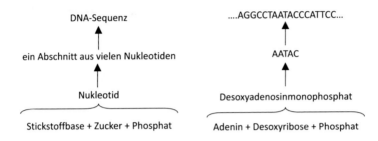

Abb. 1.14 Entstehung der DNA-Sequenz

GenBank_Nummer: L11079.1

```
1      ggtattcagc gttgttagct cagccggaca gagcaattgc cttctaagca atcggtcact
61     ggttcgaatc cagtacaacg cgccatactt attttcctg gctcgcttt gcgggccttt
121    tttatatctg cgccgggtct ggtgctgatt acttcagcca aaaggaacac ctgtatatga
181    agtgtatatt atttaaatgg gtactgtgcc tgttactggg ttttccttcg gtatcctatt
241    cccgggagtt tatgatagac ttttcgaccc aacaaagtta tgtctcttcg ttaaatagta
301    tacggacaga gatatcgacc cctcttgaac atatatctca ggggaccaca tcggtgtctg
361    ttattaacca caccccaccg ggcagttatt ttgctgtgga tatacgaggg cttgatgtct
421    atcaggcgcg ttttgaccat cttcgtctga ttattgagca aaataattta tatgtggctg
481    ggttcgttaa tacggcaaca aatactttct accgtttttc agattttaca catatatcag
541    tgcccggtgt gacaacggtt tccatgacaa cggacagcag ttataccact ctgcaacgtg
601    tcgcagcgct ggaacgttcc ggaatgcaaa tcagtcgtca ctcactggtt tcatcatatc
661    tggcgttaat ggagttcagt ggtaatacaa tgaccagaga tgcatccaga gcagttctgc
721    gttttgtcac tgtcacagca gaagccttac gcttcaggca gatacagaga gaatttcgtc
781    aggcactgtc tgaaactgct cctgtgtata cgatgacgcc gggagacgtg gacctcactc
841    tgaactgggg gcgaatcagc aatgtgcttc cggagtatcg gggagaggat ggtgtcagag
901    tgggagaat atcctttaat aatatatcgg cgatactggg cactgtggcc gttatactga
961    attgtcatca tcaggggcg cgttctgttc gcgccgtgaa tgaagagagt caaccagaat
1021   gtcagataac tggcgacagg cccgttataa aaataaacaa tacattatgg gaaagtaata
1081   cagctgcagc gtttctgaac agaaagtcac agtttttata tacaacgggt aaataaagga
1141   gttaagtatg aagaagatgt ttatggcggt tttatttgca ttagtttctg ttaatgcaat
1201   ggcggcggat tgcgctaaag gtaaaattga gttttccaag tataatgaga atgatacatt
1261   cacagtaaaa gtggccggaa aagagtactg gaccagtcgc tggaatctgc aaccgttact
1321   gcaaagtgct cagttgacag gaatgactgt cacaattaaa tccagtacct gtgaatcagg
1381   ctccggattt gctgaagtgc agtttaataa tgactgaggc ataacctgat tcgtggtatg
1441   tgggtaacaa gtgtaatctg tg
```

Abb. 1.15 Reihenfolge der Nukleotide (Basensequenz) in dem „stx"-Gen des Bakteriums *Escherichia coli*. (Quelle: http://www.ncbi.nlm.nih.gov/nuccore/L11079.1 [04.07.2014])

Die Reihenfolge der Nukleotide (Sequenz) stellt die **Primärstruktur** der Nukleinsäuren dar (Abb. 1.14). Neben der Primärstruktur hat die DNA noch weitere Stufen der räumlichen Anordnung. Die meiste Zeit existiert die DNA in Form eines **Doppelstranges.** Zwei Polynukleotide (zwei Einzelstränge) werden durch **Wasserstoffbrücken** zusammengehalten, wobei Bindungen zwischen Adenin

und Thymin und zwischen Guanin und Cytosin entstehen (Abb. 1.16). Es bilden sich Basenpaare. Man nennt solche Basenpaare **komplementär,** da sie sich
gegenseitig vervollständigen und den DNA-Strang stabil machen.
Zwischen Thymin und Adenin **(T-A)** entstehen **zwei Wasserstoffbrücken.**
Wie man in (Abb. 1.16a) sieht, werden diese, allerdings schwachen, Bindungen
mithilfe einer punktierten Linie dargestellt. Zwischen Guanin und Cytosin **(G-
C)** entstehen **drei Wasserstoffbrücken** (Abb. 1.16b). Auf diese Weise verbinden
sich zwei Einzelstränge zu einem Doppelstrang (Abb. 1.17).

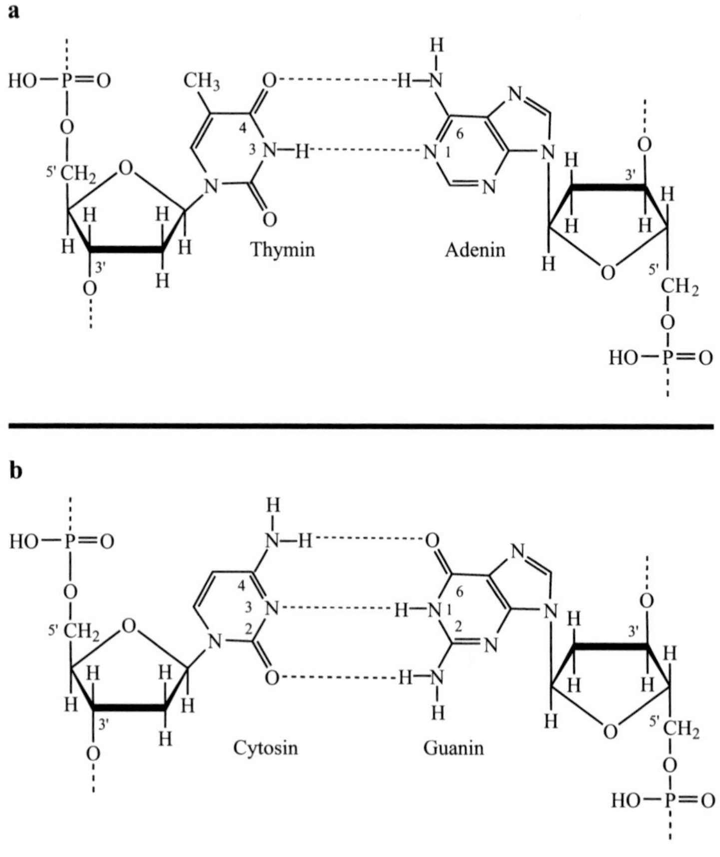

Abb. 1.16 Komplementäre Basen im DNA-Doppelstrang (**a**) Thymin – Adenin, (**b**) Cytosin – Guanin

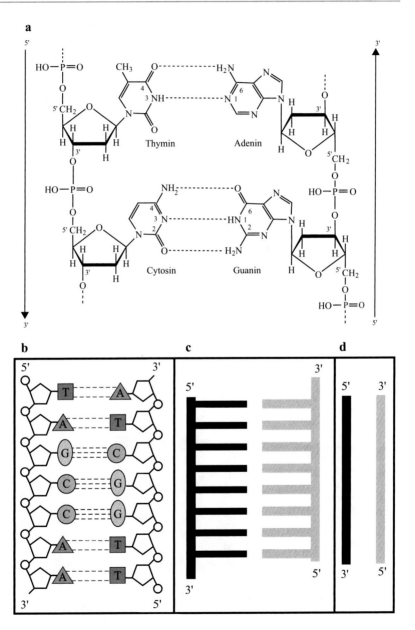

Abb. 1.17   DNA-Doppelstrang: (**a**) chemische Strukturformel eines DNA-Doppelstranges, (**b**) schematische Darstellung eines DNA-Doppelstranges, (**c, d**) sehr vereinfachte Darstellung eines DNA-Doppelstranges

Welche Basen komplementär sind, kann man sich anhand der Buchstabenformen merken:

T und **A** sind eckige Buchstaben, sie bilden ein Basenpaar und sind komplementär.

G und **C** sind runde Buchstaben, sie bilden ein Basenpaar und sind komplementär.

Die beiden DNA-Einzelstränge sind zueinander **antiparallel** geordnet. Das bedeutet, dass das 5′-Ende eines Stranges dem 3′-Ende des anderen Stranges gegenüberliegt (Abb. 1.17). Durch die Komplementaritätsregel kann anhand der Sequenz (Nukleotid-Reihenfolge) eines Stranges die Sequenz des anderen antiparallelen Stranges bestimmt werden. Wo bei einem Strang ein „A" steht, soll bei dem antiparallelen Strang ein „T" stehen. Wo bei einem Strang ein „C" steht, soll bei dem antiparallelen Strang ein „G" stehen.

Der DNA-Doppelstrang bleibt nicht in einer Ebene, sondern windet sich um seine eigene Achse zu einer Spirale, der **Doppelhelix** (Abb. 1.18). Die Basen (Adenin, Guanin, Cytosin, Thymin) befinden sich im Inneren der Doppelhelix und die Phosphatreste (kleine Kreise) liegen auf der Außenseite (Abb. 1.17 b). Die Verbindung der zwei Einzelstränge und die Bildung einer Doppelhelix stellt die **Sekundärstruktur** der Nukleinsäuren dar. Solange die beiden Stränge in einer Doppelhelix gebunden sind, können sie sich nicht voneinander trennen. Somit stabilisiert die Doppelhelix die DNA-Struktur.

Bei den Bakterien und DNA-haltigen Viren bleibt es in der Regel bei einer Doppelhelix. Bei den Eukaryoten, den zellkernhaltigen Lebewesen, enthält das DNA-Molekül mehr Gene und ist viel länger als jenes der Prokaryoten,

Abb. 1.18 Zustände des DNA-Doppelstranges: (**a**) spiralisierter Doppelstrang in Form einer Doppelhelix, (**b**) despiralisierter (linearer) Doppelstrang

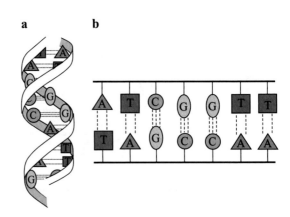

Abb. 1.19 Räumliche
Struktur der DNA in den
Bakterien

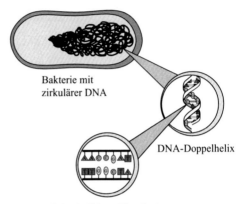

Bakterie mit
zirkulärer DNA

DNA-Doppelhelix

Zwei despiralisierte Einzelstränge

Lebewesen ohne Zellkern (Tab. 1.1). Deswegen nimmt die DNA-Doppelhelix der Eukaryoten noch weitere räumliche Strukturen an, um die sehr dünnen, aber langen DNA-Fäden in den Kern zu packen. Nach mehreren Spiralisierungsstufen entstehen die **Chromosomen.**

In Abb. 1.19 ist die räumliche Struktur des DNA-Moleküls eines Bakteriums dargestellt. Bakterien besitzen keinen Kern. Der DNA-Doppelstrang liegt zerknäult im Inneren des Bakteriums. Wenn man ein Stück dieses langen, in sich geschlossenen (zirkulären: ohne Anfang und Ende) Fadens im Mikroskop anschauen könnte, dann würde man die DNA-Doppelhelix sehen. Wenn man diese **Helix** (Spirale) ausdreht, also despiralisiert, kommt ein Gerüst mit daran gebundenen Basen zum Vorschein.

Unten seien noch einmal die wichtigsten Unterschiede zwischen DNA und RNA zusammengefasst:

1. **RNA** enthält **Ribose** und **DNA** enthält **Desoxyribose.**
2. Statt Thymin in der DNA enthält die RNA die Stickstoffbase **Uracil.**
3. In der Regel besteht RNA aus einem **Einzelstrang** und DNA aus einem **Doppelstrang.**

In Abb. 1.20 sind die Struktureinheiten des genetischen Codes genauer gezeigt. Zum Beispiel Phosphorsäure, Desoxyribose und Adenin bilden ein Nukleotid (Desoxyadenosinmonophosphat). Mehrere Nukleotide bilden ein Gen. Unterschiedliche Gene bilden den DNA-Strang, der den genetischen Code (Genom) beinhaltet.

genetischer Code (DNA)

↑

viele Gene: …stxA2, stxB2, eae, hlyA, aggR, espB, gad, astA, toxB, ipaD…

↑

Gen „stx"

↑

1-ggtattcagc gttgttagct………tgggtaacaa gtgtaatctg tg-1462

↑

Desoxy-Adenosin-Mono-Phosphat (AMP)
enthält die Base Adenin (A oder a)

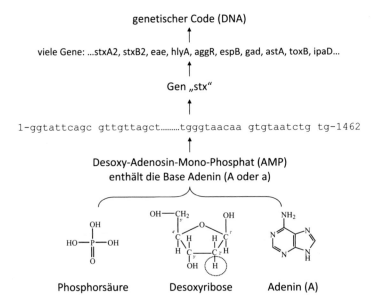

Phosphorsäure   Desoxyribose   Adenin (A)

Abb. 1.20 „Baukasten des Lebens": Struktureinheiten des genetischen Codes, Erweiterung von Abb. 1.1

1.4   Zusammenfassung des Kapitels

Bevor die nächsten Kapitel gelesen werden, sollten folgende Begriffe gelernt und verstanden worden sein:

- Nukleinsäure
- DNA, RNA
- Einzelstrang, Doppelstrang
- Phosphat, Ribose, Desoxyribose, Base
- Nukleosid, Nukleotid
- Doppelhelix, antiparallele Stränge, Richtungen der Einzelstränge
- Gen, genetischer Code
- Sequenz
- Wasserstoffbrücken, komplementäre Basenpaare.

Molekularbiologische Methoden

2

2.1 Polymerasekettenreaktion (PCR) – Methode zur Vervielfältigung von DNA-Fragmenten

Da Gene so klein und mit freiem Auge nicht sichtbar sind, müsste man eine Methode entwickeln, um diese winzigen DNA-Fragmente sehen zu können. Eine Möglichkeit dazu ist, die DNA-Fragmente künstlich zu vervielfältigen. Wenn man in einer Lösung viele gleiche Fragmente hat, kann man sie mithilfe einer Detektionsmethode erkennen.

Für den Nachweis der Gene wird am häufigsten die PCR-Methode (PCR engl. *polymerase chain reaction,* bedeutet **Polymerasekettenreaktion**) verwendet. Die PCR ist eine biochemische Reaktion, in der die DNA-Abschnitte von einem DNA-Einzelstrang kopiert und vervielfältigt werden. Hierbei wählt man eine spezifische DNA-Sequenz in einem Gen aus, um das Vorhandensein dieses Gens feststellen zu können. Diese **spezifische DNA-Sequenz** ist eine besondere Nukleotid-Reihenfolge, die nur in dem gesuchten Gen vorkommt.

Um diese besondere Sequenz im Gen wählen zu können, sollte man Informationen über die **Nukleotid-Reihenfolge** (Basenreihenfolge) im gesamten Gen haben. Diese Informationen erhält man hauptsächlich aus wissenschaftlichen Artikeln oder internationalen Gendatenbanken.

Die **PCR-Methode** zeichnet sich durch **hohe Spezifität, Sensitivität** und **Robustheit** aus. Eine spezifische Methode liefert nur dann ein richtig positives Ergebnis, wenn das gesuchte Merkmal vorhanden ist und keine falsch positiven Ergebnisse bei anderen, nicht gesuchten Merkmalen auftreten. Durch eine sensitive Methode kann man Merkmale bereits in sehr geringen Mengen feststellen. Eine Methode ist dann robust, wenn unabhängig von dem Tag, dem Operator und dem Gerät immer die gleichen Ergebnisse erzielt werden. Diese Eigenschaften

© Springer Fachmedien Wiesbaden GmbH 2018
O. Ableitner, *Einführung in die Molekularbiologie,* essentials,
https://doi.org/10.1007/978-3-658-20624-6_2

(Spezifität, Sensitivität, Robustheit) sind deswegen im Routinelabor sehr wichtig, da man mithilfe der PCR bereits sehr geringe Mengen des gesuchten Gens und somit Bakterien, auch in einem Bakteriengemisch, nachweisen kann.

Bei der PCR wird mithilfe eines **Startmoleküls** (Primer [ˈpraɪmər]), des Nukleotiden-Gemisches und eines **Enzyms** ein **zur spezifischen DNA-Sequenz komplementäres Polynukleotid** synthetisiert und innerhalb von mehreren Zyklen vervielfältigt. Das Enzym, das bei der PCR verwendet wird, ist eine DNA-Polymerase, die in Anwesenheit von Magnesium-Ionen außerhalb eines Lebewesens den DNA-Strang synthetisieren kann.

Zur Etablierung einer PCR-Methode braucht man zwei **Startmoleküle**, einen „**Forward**"-Primer [ˈfɔːrwəd ˈpraɪmər] und einen „**Reverse**"-Primer [rɪˈvɜːs ˈpraɪmər]. Primer sind kurze Ketten, die aus 20–50 Nukleotiden (Basen) bestehen. Sie werden in speziellen Syntheselabors hergestellt.

Der **Forward-Primer** lagert sich am **Anfang der spezifischen Sequenz** des **3′→5′ DNA-Stranges** an und wird mithilfe des Enzyms in der Richtung 5′→3′ verlängert (Abb. 2.7). Die Synthese-Richtung 5′→3′ bezieht sich auf die Orientierung eines neu entstandenen DNA-Fragmentes. Wie in Abschn. 1.3 beschrieben wurde, sind die komplementären DNA-Stränge immer antiparallel.

Der **Reverse-Primer** lagert sich gleichzeitig am **Ende der spezifischen Sequenz** des **5′→3′ DNA-Stranges** an und wird mithilfe eines Enzyms in der Richtung 5′→3′ verlängert (Abb. 2.7).

Als Beispiel eines Primer-Paares ist die Basenreihenfolge (Sequenz) für die Bestimmung des „stx2c"-Gens des Bakteriums *Escherichia coli* in Tab. 2.1 aufgeführt.

In Tab. 2.1 sind die Positionen der spezifischen Sequenzen für die Forward- und Reverse-Primer im Gen „stx2c" L11079.1 angegeben. Um diese Sequenz im Gen finden zu können, zählt man die Buchstaben (Nukleotide = Basen) in der

Tab. 2.1 Forward-Primer und Reverse-Primer für Nachweis des „stx2c"-Gens. (Quelle der Primer-Sequenz: Scheutz 2012, 2953)

Bezeichung der Primer	Primer-Sequenz	Länge	Position im Gen
Forward-Primer (stx2c_F)	5′- GAA AGT CAC AGT TTT TAT ATA CAA CGG GTA -3′	30 Basen	1102–1131 bp
Reverse-Primer (stx2c_R)	5′- CCG GCC ACT TTT ACT GTG AAT GTA -3′	24 Basen	1255–1278 bp

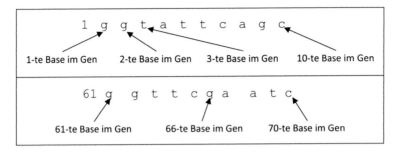

Abb. 2.1 Suche nach einer bestimmten Sequenz in einem Gen am Beispiel des „stx2c"-Gens des Bakteriums *Escherichia coli,* GenBank_Nummer des Gens: L11079.1

Gen-Sequenz von links nach rechts, so wie es in Abb. 2.1 gezeigt ist. Die Gen-Sequenz ist in Reihen dargestellt, die aus 10-er Blöcken bestehen. Die Nummer am Anfang jeder Reihe gehört jeweils zur ersten Base in dieser Reihe. Die darauffolgenden Basen (Nukleotide) werden fortlaufend durchnummeriert.

In diesem Kapitel werden oft folgende Begriffe verwendet:

- *Gen-Sequenz:* Basenreihenfolge des gesamten Gens (z. B. von der 1. bis zur 1462. Base).
- *Spezifische Sequenz für ein Gen:* Basenreihenfolge des spezifischen Abschnittes eines Gens, das in der PCR vervielfältigt wird, um dieses Gen nachzuweisen (z. B. 177 bp).
- *Spezifische Sequenz für die Primer:* Basenreihenfolge am Anfang und am Ende des spezifischen Abschnittes eines Gens am 5′→3′-Strang.
- *Ziel-Sequenz für die Primer:* Basenreihenfolge, an die sich die Primer während der PCR anlagern.
- *Primer-Sequenz:* ein Oligonukleotid, das anhand der spezifischen Sequenz erstellt wird.
- *DNA-Abschnitt:* ein Teil des DNA-Stranges
- *PCR-Produkt:* kurze DNA-Stückchen, die während der PCR entstehen (z. B. 177 bp).

In Abb. 2.2 ist ein DNA-Abschnitt des „stx2c"-Gens von 1021 bp bis 1462 bp abgebildet. In dem DNA-Abschnitt ist die spezifische Sequenz für den **Forward-Primer** zwischen 1102 bp und 1131 bp markiert. Die spezifische Sequenz für den **Reverse-Primer** ist zwischen 1255 bp und 1278 bp markiert.

GenBank_Nummer: L11079.1

```
1   ...1020

1021 gtcagataac tggcgacagg cccgttataa aaataaacaa tacattatgg gaaagtaata

1081 cagctgcagc gtttctgaac agaaagtcac agtttttata tacaacgggt aaataaagga

1141 gttaagtatg aagaagatgt ttatggcggt tttatttgca ttagtttctg ttaatgcaat

1201 ggcggcggat tgcgctaaag gtaaaattga gttttccaag tataatgaga atgatacatt

1261 cacagtaaaa gtggccggaa aagagtactg gaccagtcgc tggaatctgc aaccgttact

1321 gcaaagtgct cagttgacag gaatgactgt cacaattaaa tccagtacct gtgaatcagg

1381 ctccggattt gctgaagtgc agtttaataa tgactgaggc ataacctgat tcgtggtatg

1441 tgggtaacaa gtgtaatctg tg
```

Abb. 2.2 DNA-Abschnitt des „stx2c"-Gens des Bakteriums *Escherichia coli*. Spezifische Sequenz für die F- und R-Primer. (Quelle: http://www.ncbi.nlm.nih.gov/nuccore/L11.079.1 [04.07.2014])

Während der PCR lagert sich der Forward-Primer „stx2c_F" von der 1102. Base bis zur 1131. Base an den **3′→5′** Strang an.

Der Reverse-Primer, „stx2c_R" lagert sich von der 1255. Base bis zur 1278. Base **5′→3′**-Strang an.

Bei der PCR mit diesem Primer-Paar entsteht ein PCR-Produkt, das anhand der DNA-Vorlage zwischen der 1102. und 1278. Base synthetisiert wird.

Anfang und Ende des DNA-Abschnittes, „g" und „g" (beide Guanin-Basen), sind fett gedruckt und grau markiert (Abb. 2.2).

Die Länge des zu vervielfältigenden DNA-Fragmentes kann man folgendermaßen berechnen:

1278 − 1102 + 1 = 177 Basen
1278 – letzte Base der spezifischen Sequenz
1102 – erste Base der spezifischen Sequenz
+1: weil die erste Base der spezifischen Sequenz berücksichtigt werden soll.
Das PCR-Produkt wird 177 Basen lang.

Die **Basenreihenfolge** eines **Forward-Primers** entspricht exakt der Sequenz des spezifischen Abschnittes auf dem 5′→3′-Strang. Diese **spezifische Sequenz** ist komplementär zu einer **Ziel-Sequenz** auf dem 3′→5′-Strang, an die sich der F-Primer während der PCR anlagert. Alle drei Sequenzen sind in Tab. 2.2 gezeigt.

Tab. 2.2 Erstellung der Forward-Primer (F-Primer) für das „stx2c"-Gen

Spezifische Sequenz für den F-Primer auf dem **5'→3'**-Strang, von der 1102. bis zur 1131. Base am „stx2c"-Gen (L11079.1)	...5'- GAA AGT CAC AGT TTT TAT ATA CAA CGG GTA -3'...
F-Primer Basenreihenfolge	5'- GAA AGT CAC AGT TTT TAT ATA CAA CGG GTA -3'
Komplementäre **Ziel-Sequenz** am **3'→5'**-Strang, an die sich F-Primer anlagert	...3'- CTT TCA GTG TCA AAA ATA TAT GTT GCC CAT -5'...

Tab. 2.3 Ziel-Sequenz für den Forward-Primer (stx2c_F) im Gen L11079.1, Primer Basenreihenfolge und Richtung der Primer-Verlängerung

Ziel-Sequenz am **3'→5'** Strang	1102 bp ... 1131 bp ...3'- TGT CTT TCA GTG TCA AAA ATA TAT GTT GCC CAT TTA -5'...
stx2c_F	5'- GAA AGT CAC AGT TTT TAT ATA CAA CGG GTA -3'
Synthese-Richtung	**5'** ————————————————→ **3'**

In Tab. 2.3 ist die Ziel-Sequenz für den F-Primer grau markiert.

Im Falle der **Reverse-Primer** ist die **spezifische Sequenz** gleichzeitig auch die **Ziel-Sequenz**. Um die Basenreihenfolge für den Reverse-Primer zu erhalten, soll man die spezifische Sequenz **zweimal** umschreiben.

Da der Reverse-Primer sich auf dem 5'→3'-Strang von Base Nr. 1278 bis Base Nr. 1255 (rückwärts) anlagern soll, wird die spezifische Sequenz in eine zu ihr komplementäre Sequenz umgeschrieben. Das bedeutet, dass die Basen in der spezifischen Sequenz durch entsprechende komplementäre Basen auf folgende Weise ausgetauscht werden (Tab. 2.4):

Tab. 2.4 Reverse-Primer (R-Primer) für das „stx2c"-Gen

Spezifische Sequenz für den R-Primer auf dem 5'→3'-Strang, von der 1255. Base bis zur 1278. Base im Gen L11079.1	...5'- TAC ATT CAC AGT AAA AGT GGC CGG- 3'...
Komplementäre Basenreihenfolge für den R-Primer	3'- ATG TAA GTG TCA TTT TCA CCG GCC -5'
R-Primer Basenreihenfolge (spiegelverkehrt)	5'- CCG GCC ACT TTT ACT GTG AAT GTA -3'
Komplementäre **Ziel-Sequenz** auf dem 5'→3'-Strang, an die sich R-Primer anlagert	...5'- TAC ATT CAC AGT AAA AGT GGC CGG -3'...

T durch **A**
A durch **T**
C durch **G**
G durch **C**

Da die Sequenzen der Primer immer von 5' nach 3' geschrieben werden, sollte
man die entstandene Nukleotids-Reihenfolge noch einmal umschreiben. Somit
entsteht eine **spiegelverkehrte Reihenfolge,** die links in Abb. 2.3 dargestellt ist.
In Tab. 2.5 sind alle Sequenzen, die Reverse-Primer betreffen, noch einmal
aufgeführt.

Jeder Primer wird in Richtung 5'→3' verlängert. Die komplementäre Sequenz
zur Primer-Sequenz wird immer eine 3'→5' Richtung aufweisen. Das bedeutet,
dass die **Syntheserichtungen** bei beiden komplementären Strängen **entgegenge-
setzt** sind.

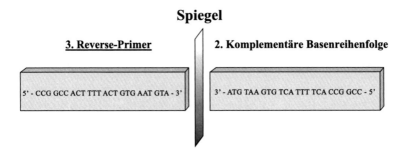

Abb. 2.3 Erstellung einer spiegelverkehrten Basenreihenfolge für den Reverse-Primer

Tab. 2.5 Ziel-Sequenz für den Reverse-Primer (stx2c_R) im Gen L11079.1, Primer-
Sequenz und Richtung der Primer-Verlängerung

Ziel-Sequenz am 5'→3'-Strang	...5'- TGA**TAC ATT CACAGT AAA AGT GGC CGG** AAA -3'...
	1255 bp 1278 bp
Komplementäre Basenreihenfolge	3'- ATG TAA GTG TCA TTT TCA CCG GCC -5'
Synthese-Richtung	**3'** ⟵————————————————— **5'**
Spiegelverkehrte Basenreihenfolge	5'- CCG GCC ACT TTT ACT GTG AAT GTA -3'
stx2c_R	5'- CCG GCC ACT TTT ACT GTG AAT GTA -3'

Für eine konventionelle PCR verwendet man einen **Thermocycler** [termo'saıklə] (Abb. 2.4a, b). An der Vorderseite des Gerätes befinden sich die Eingabetasten zur Erstellung des PCR-Programms (Tab. 2.6) und die digitale Anzeige. Jeder Thermocycler enthält einen **Heizblock,** in dem die Reaktionsgefäße (PCR-Tubes [tju:bs]) in sich wiederholenden **Zyklen** erwärmt und abgekühlt werden. Der Heizblock wird mit einem Deckel dicht verschlossen, um Temperaturabweichungen zu vermeiden und das schnelle Erhitzen bzw. Abkühlen zu ermöglichen.

In Tab. 2.6 ist ein PCR-Programm „stxc62" für den Nachweis vom „stx2c"- Gen des Bakteriums *Escherichia coli* angegeben. Am Anfang des gezeigten Programms wird das Reaktionsgemisch für 10 min auf 95 °C erhitzt, um die

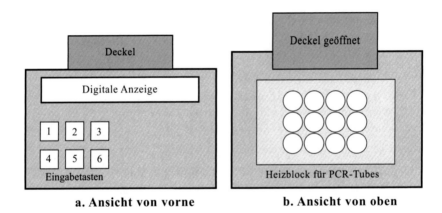

a. Ansicht von vorne   **b. Ansicht von oben**

Abb. 2.4 Schematische Darstellung von einem Thermocycler

Tab. 2.6 Ein PCR-Programm „stx2c62"

PCR-Schritt	Temperatur (°C)	Zeit	Zyklen
Initialisierung	95	10 min	1
Denaturierung	95	50 s	35
Primer-Anlagerung	62	40 s	
Primer-Verlängerung	72	60 s	
Abkühlung	4	Halten	1

DNA-Stränge für die PCR vorzubereiten (Abb. 2.5). Danach fängt der erste
Zyklus an, der aus drei Schritten besteht: Denaturierung, Primer-Anlagerung
(Annealing) und Primer-Verlängerung (Extension). Diese drei Schritte werden 35
Mal wiederholt. Zum Schluss wird das Reaktionsgemisch auf 4 °C abgekühlt.

2.1.1 PCR-Reagenzien

Eine PCR ist eine biochemische „In-vitro"-Reaktion (außerhalb des Lebewesens)
und ist vom Gleichgewicht aller Komponenten abhängig. Damit diese Reaktion
richtig abläuft, müssen alle Reagenzien in bestimmten Mengen (Konzentration
und Volumen) hinzugefügt werden.

Folgende Reagenzien sind für eine PCR notwendig:

- ein Enzym (die hitzestabile Taq-Polymerase)
- zwei Primer (Forward und Reverse)
- Mg^{2+}-Ionen (Cofaktor der Taq-Polymerase)
- Desoxyribonukleotide (dATP, dTTP, dCTP, dGTP)
- Reaktionspuffer (notwendig für die Einstellung des optimalen pH-Wertes und
  der Ionenkonzentration von Na^+/K^+, Cl^-/SO_4^{2-})

Das am häufigsten für die PCR verwendete Enzym ist die **Taq-Polymerase** [tʌk].
Dieses Enzym wurde nach dem Bakterium, aus dem es zum ersten Mal isoliert
wurde, benannt. *Thermus aquaticus* (Taq) ist ein hitzebeständiges Bakterium,
welches ursprünglich aus einer heißen Quelle im Yellowstone Nationalpark
stammt. Inzwischen wird das Enzym synthetisch hergestellt. Die **Aktivierungs-
temperatur** der Taq-Polymerase liegt zwischen **70** und **80** °C. Im Zuge des Ver-
längerung-Schrittes wird die Taq-Polymerase bei 72 °C aktiviert.
    Eine richtig eingestellte **Mg^{2+}-Ionen-Konzentration** ist sehr wichtig für eine
PCR-Reaktion. Die Taq-Polymerase benötigt diese Ionen als Cofaktor für den
Einbau der Nukleotide (dNTPs) in den DNA-Strang. Die Mg^{2+}-Ionen bilden mit
den dNTPs einen Komplex und verändern dadurch die räumliche Struktur des
Nukleotides. Nur dadurch wird die komplementäre Anknüpfung der Nukleotide
durch die Taq-Polymerase an den DNA-Strang überhaupt möglich.

2.1.2 Vorbereitung und Durchführung einer PCR

Um eine PCR durchführen zu können, braucht man ein **DNA-Isolat** und diverse **PCR-Reagenzien.**
Für die Isolation der Nukleinsäuren gibt es Reagenzien in Fläschchen (manuelle Isolation) oder Pipettierroboter mit den fertig portionierten Isolationsreagenzien (automatisierte Isolation).
Beim Isolieren von Nukleinsäuren werden die Proben, unabhängig vom Isolationsweg, in zwei Schritten behandelt.
Zuerst wird die **Zellwand** der Zelle enzymatisch, thermisch oder chemisch **zerstört.** Im zweiten Schritt werden alle störenden Bestandteile (Proteine, Zellfragmente u. a.) entfernt. Anschließend wird die Nukleinsäure in Wasser gelöst. Diese wässrige Lösung stellt ein **Nukleinsäure-Isolat** dar.
Die PCR ist eine **thermozyklische** Reaktion. Das bedeutet, dass mehrere Zyklen mit sich immer wiederholenden thermischen Bedingungen ablaufen.
Folgende Reaktionsschritte werden in jedem **Zyklus einer PCR** wiederholt:

- Denaturierung des DNA-Doppelstranges
- Primer-Anlagerung (Annealing)
- Primer-Verlängerung (Elongation)

1. Denaturierung des DNA-Doppelstranges
Jeder Zyklus beginnt mit der DNA-Denaturierung. Dabei werden die Wasserstoffbrückenbindungen der DNA-Doppelhelix aufgebrochen. Durch Erhitzen auf 95 °C wird der DNA-Doppelstrang in zwei komplementäre Einzelstränge getrennt (denaturiert) und somit für die Primer und das Enzym, die **Taq-Polymerase,** zugänglich gemacht (Abb. 2.5).

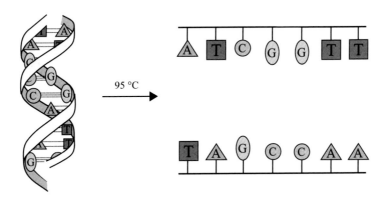

Abb. 2.5 Denaturierung des DNA-Doppelstranges

	Primer	5'- ACC TTC TTA ACT TTA AAC TCT - 3'
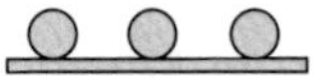	Ziel-Sequenz auf dem DNA-Abschnitt	...3'- TGG AAG AAT TGA AAT TTG AGA -5'...
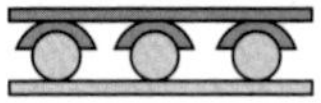	Komplementäre Anlagerung der Primer an den DNA-Abschnitt	5'- ACC TTC TTA ACT TTA AAC TCT -3' ...3'- TGG AAG AAT TGA AAT TTG AGA -5'...

Abb. 2.6 Schematische Darstellung der komplementären Primer-Anlagerung

2. Annealing (Primer-Anlagerung)

Der nächste Schritt im Zyklus ist der Primer-Anlagerungs-Schritt (Annealing). Dabei lagern sich zwei Primer (**Forward** und **Reverse**) an die jeweils dazu gehörigen **Ziel-Sequenzen** der beiden komplementären DNA-Stränge an (Abb. 2.6). Die Basen in den Primern und in den Ziel-Sequenzen sind **komplementär** zueinander. Falls auf einem DNA-Strang keine Ziel-Sequenz vorhanden ist, kann sich ein Primer nicht anlagern. In diesem Fall entstehen keine PCR-Produkte während der PCR. Somit liefert ein DNA-Strang ohne die Ziel-Sequenz ein negatives PCR-Ergebnis. So wird die Abwesenheit eines Gens nachgewiesen.

Die Primer dienen in der PCR als **Startpunkte** für die Strang-Verlängerung. Jedes Primer-Paar braucht eine **optimale Temperatur,** die am häufigsten zwischen **52** und **65** °C liegt. Primer lagern sich an die komplementären Abschnitte der beiden DNA-Einzelstränge an und können durch die Taq-Polymerase im nächsten Schritt verlängert werden.

Der Forward-Primer (F-Primer) lagert sich an den $3' \rightarrow 5'$-DNA-Strang und der Reverse-Primer (R-Primer) lagert sich an den $5' \rightarrow 3'$-DNA-Strang (Abb. 2.7) an.

3. Elongation oder Amplifikation (Primer-Verlängerung)

Im letzten Schritt des Zyklus verlängert die **Taq-Polymerase** den Primer mithilfe der in der Lösung vorliegenden Nukleotide (dNTPs) und bildet so das zweite, komplementäre DNA-Fragment. Die Taq-Polymerase baut Nukleotide komplementär ein. Zu einem A baut sie einen T und zu einem C baut sie einen G ein. Die Reaktionstemperatur wird dazu auf das Optimum der Taq-Polymerase (**72** °C) erhöht.

Die **Synthese-Richtung** (Verlängerung) des DNA-Stranges ist **immer von 5'-Ende nach 3'-Ende.** Die Verlängerung der Primer beginnt an der freien

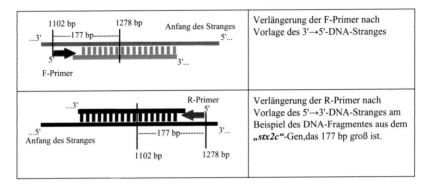

Abb. 2.7 Primer-Verlängerung in dem ersten PCR-Zyklus

Hydroxylgruppe (OH), die mit dem 3′-Kohlenstoffatom der Desoxyribose verbunden ist, und erfolgt in Richtung 5′→3′.

So entstehen DNA-Fragmente, die zu einander komplementär sind (Abb. 2.7).

Die amplifizierten (synthetisierten) DNA-Fragmente können anschließend mithilfe der Gelelektrophorese detektiert werden.

In Abb. 2.8 sind alle PCR-Schritte zusammengefasst. Nach jedem Zyklus entstehen zwei Produktarten.

1. Das **erste Produkt** ist ein langes DNA-Fragment, das als Vorlage den originalen DNA-Strang hatte. Dieses DNA-Fragment besteht aus einem Primer und vielen Nukleotiden, die zusammengeknüpft wurden.
2. Das **zweite Produkt** ist ein kürzeres DNA-Fragment, das als Vorlage das längere DNA-Fragment hatte. In diesem Fall hat die Taq-Polymerase nur bis zum in dem Fragment enthaltenen Primer-5′-Ende synthetisiert.

Die kürzeren DNA-Fragmente entstehen erst im **zweiten Zyklus** der PCR. Mit jedem weiteren Zyklus nimmt der prozentuale Anteil des kürzeren DNA-Fragmentes exponentiell zu.

Am Ende der PCR enthält der Reaktionsmix „2^n" DNA-Fragmente, wobei „n" die Anzahl der Zyklen angibt.

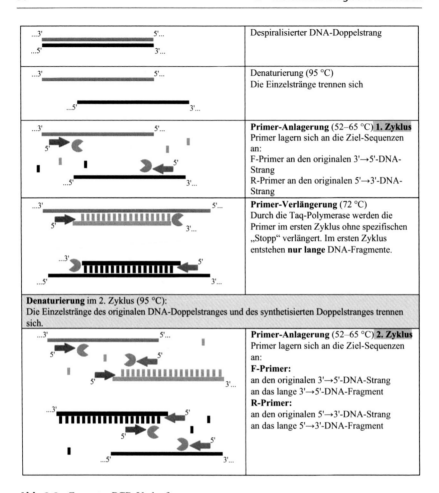

Abb. 2.8 Gesamter PCR-Verlauf

Primer-Verlängerung im 2.Zyklus (72 °C):

Es entstehen **lange und kurze** DNA-Fragmente.

Denaturierung im 3. Zyklus (95 °C):

Die Einzelstränge des originalen DNA-Doppelstranges und des synthetisierten Doppelstranges trennen sich.

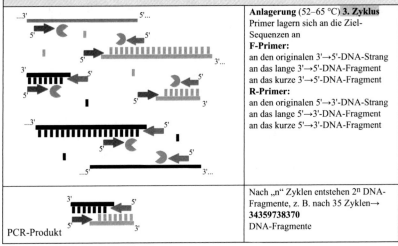

Anlagerung (52–65 °C) **3. Zyklus**
Primer lagern sich an die Ziel-
Sequenzen an
F-Primer:
an den originalen 3'→5'-DNA-Strang
an das lange 3'→5'-DNA-Fragment
an das kurze 3'→5'-DNA-Fragment
R-Primer:
an den originalen 5'→3'-DNA-Strang
an das lange 5'→3'-DNA-Fragment
an das kurze 5'→3'-DNA-Fragment

Nach „n" Zyklen entstehen 2^n DNA-
Fragmente, z. B. nach 35 Zyklen→
34359738370
DNA-Fragmente

PCR-Produkt

Legende zum PCR-Verlauf

...3' —————————— 5'...	3'→5'-DNA-Strang
...5' —————————— 3'...	5'→3'-DNA-Strang
5' ➡	Forward-Primer, z. B. 5'- CCT AGT TTC AAA ACT TAT TGG CTT -3'
⬅ 5'	Reverse-Primer, z. B. 3'- CAT AAT TCT CCT CCT AAA TCT GTT AAT -5'
5' ▬▬▬ 3'	DNA-Fragment, das mit Hilfe der F-Primer synthetisiert wurde
3' ▬▬▬ 5'	DNA-Fragment, das mit Hilfe der R-Primer synthetisiert wurde
▬ ▮	Desoxyribonukleotide (dNTPs), dATP, dTTP, dGTP, dCTP
◖	Taq-Polymerase

Abb. 2.8   (Fortsetzung)

2.2   Gelelektrophorese

Um das Vorhandensein der entstandenen **PCR-Produkte** feststellen zu können, kann man eine **Gelelektrophorese** durchführen, mit einer anschließenden
Behandlung des Gels durch Ethidiumbromid. Oder man verwendet ethidium-
bromidhaltige Gele. Bei dieser Methode wird die **negative Ladung der DNA-
Fragmente** genutzt. Wie schon früher erwähnt wurde, sind die DNA-Fragmente
aufgrund der darin enthaltenen Phosphatreste negativ geladen.

Die Einwirkung von elektrischem Strom lässt die PCR-Produkte durch ein
gelartiges Medium wandern. Als Medium wird in der Regel **Agarose** verwendet. Agarose ist ein weißes Pulver, das aus Meeresalgen gewonnen wird. Nach
der Zugabe von Wasser (bzw. Puffer) lässt sich das Agarose-Pulver in einer Mikrowelle lösen. Durch Erhitzen entsteht eine transparente, zähe Flüssigkeit. Diese
Flüssigkeit erstarrt nach 30 min bei Raumtemperatur und bildet eine gelartige
Substanz. Im oberen Bereich des Gels befinden sich Öffnungen, die **Slots** heißen.
In diese Slots pipettiert man die Proben.

Mit Hilfe von Strom werden die DNA-Fragmente durch das „Agarose-Sieb"
vom Minuspol zum Pluspol gezogen. Die **kleinen Fragmente** wandern schneller durch das „Agarose-Sieb", daher befinden sie sich in der Nähe zum unteren
Rand **(Pluspol)** des Gels. Die **größeren Fragmente** wandern langsamer und blei-
ben in der Nähe zum oberen Rand des Gels **(Minuspol)**. Auf diese Weise werden
DNA-Fragmente der Größe nach getrennt (Abb. 2.9).

Um DNA-Fragmente sichtbar zu machen, behandelt man das Gel entweder
mit einer wässrigen Lösung von **Ethidiumbromid** (Abb. 2.10) oder man gibt
während der Agaroseverflüssigung Ethidiumbromid in das Gel hinein. Die Moleküle des Ethidiumbromids lagern sich zwischen den Basen der DNA-Fragmente.
Nur nach dem Entstehen eines solchen Komplexes zwischen DNA und Ethidiumbromid kann man durch das Beleuchten mit **UV-Licht** die PCR-Produkte in Form
von **Banden** (horizontale Strichen) sehen und fotografieren. Bei der **Auswertung**
der Ergebnisse betrachtet man jede „**Lane**" [leɪn], also die Bahn, auf der das
PCR-Produkt während der Gelelektrophorese gelaufen ist. Falls keine Banden zu
sehen sind, ist die Probe negativ oder die PCR hat aus irgendeinem Grund nicht
funktioniert. Wenn Banden sichtbar sind, ordnet man die Bandengrößen entsprechend dem mitgelaufenen Größenstandard zu. Die Aussage der Zuordnung ist nie
genau, sie ist immer ein ungefährer Wert, z. B. ca. 700 bp groß. Nur eine spezielle
Software kann die genauen Bandengrößen berechnen.

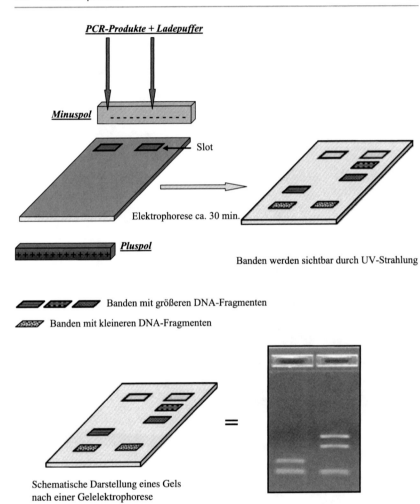

Abb. 2.9 Schematische Darstellung einer Gelelektrophorese

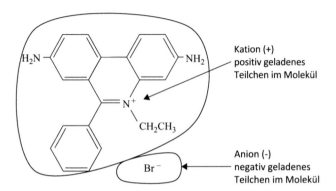

Kation (+)
positiv geladenes
Teilchen im Molekül

Anion (-)
negativ geladenes
Teilchen im Molekül

Abb. 2.10 Strukturformel des Ethidiumbromids

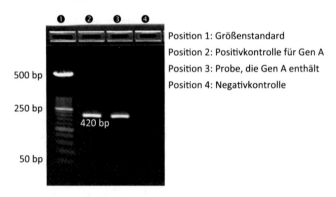

Position 1: Größenstandard
Position 2: Positivkontrolle für Gen A
Position 3: Probe, die Gen A enthält
Position 4: Negativkontrolle

Abb. 2.11 Gel mit 50-bp-Größenstandard, Positivkontrolle, Negativkontrolle und einer Probe. (© Oksana Ableitner, AGES GmbH)

Bei jedem Gel sollten immer eine **Positivkontrolle,** eine **Negativkontrolle** und ein **Größenstandard** (Molekulargewichtsstandard) mitgeführt werden (Abb. 2.11). Die Positivkontrolle enthält das gesuchte Gen und wird mit den gleichen PCR-Reagenzien wie die unbekannte Probe behandelt. Die Positivkontrolle beweist, dass die PCR funktioniert hat und gibt den Richtwert der **Bandengröße** für das gesuchte Gen. Die Negativkontrolle enthält Wasser statt DNA (no teplate control). Die Negativkontrolle bestätigt, dass während der PCR-Vorbereitung keine Kontamination stattgefunden hat. Der Größenstandard ist eine Flüssigkeit, in der sich DNA-Fragmente mit genau definierten Größen befinden.

Den Größenstandard benötigt man, um die Laufbedingungen der Gelelektrophorese überprüfen zu können, und um die Größe der DNA-Fragmente, die in der PCR entstanden sind, zu bestimmen.

In Abb. 2.11 sieht man einen Größenstandard auf Position 1, der viele verschiedene Banden mit unterschiedlichen DNA-Fragmenten hat. Die erste Bande, von unten betrachtet, enthält DNA-Fragmente, die 50 bp lang sind. Das bedeutet, dass diese DNA-Fragmente aus DNA-Doppelsträngen mit 50 Nukleotid-Paaren bestehen. Die zweite Bande enthält DNA-Fragmente, die 100 bp lang sind. Das bedeutet, dass diese DNA-Fragmente aus DNA-Doppelsträngen mit 100 Nukleotidpaaren bestehen.

Bei der Betrachtung der Gele beurteilt man die verschiedenen Banden. Man beschreibt die Bandengrößen, obwohl in Wirklichkeit die Längen der in den Banden enthaltenen DNA-Fragmente gemeint sind.

Im Gel auf der Abb. 2.11 wurde in den ersten Slot der Größenstandard pipettiert, in den zweiten Slot die Positivkontrolle für Gen A, in den dritten Slot die unbekannte Probe und in den vierten Slot die Negativkontrolle. Die Positivkontrolle auf Position 2 gibt einen Richtwert für Gen A. Man sieht eine Bande, die 420 bp groß ist. Die Probe auf Position 3, die das Gen A enthält, hat genauso wie die Positivkontrolle für Gen A, eine 420 bp Bande. Auf der Position 4 befindet sich die Negativkontrolle. An dieser Stelle sieht man keine Banden, weil die Negativkontrolle kein PCR-Produkt enthalten darf.

In Abb. 2.12 sind weitere Beispiele der entsprechenden Zuordnungen der Bandengrößen ersichtlich.

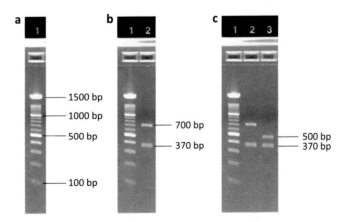

Abb. 2.12 Beispiel eines 100-bp-Größenstandards (**a**) und eine Größenzuordnung der Banden in zwei Proben (**b, c**)

2.3   Real-time Polymerasekettenreaktion

In diesem Buch wird die Real-time PCR am Beispiel eines **LightCycler®** der Firma Roche beschrieben. Die Real-time [rɪəl taɪm] PCR (Echtzeit-PCR) ist wie die konventionelle PCR eine Methode zur Vervielfältigung von DNA-Fragmenten. Bei der Real-time PCR ist, dank Zugabe der fluoreszierenden Moleküle zum Reaktionsmix, zusätzlich noch die **Detektion der PCR-Produkte** während des PCR-Laufes möglich.

Statt des einfachen Thermocyclers verwendet man dazu z. B. einen **LightCycler®** [laɪt ˈsaɪklə], einen speziellen Thermocycler mit einem **Fluoreszenzdetektor.** So ein Detektor kann kleinste Mengen der Lichtstrahlung (Fluoreszenz) erfassen. Der LightCycler® ist mit einem Computer verbunden. Signale, die vom Detektor zum Computer gehen, werden durch die Software in eine grafische Darstellung umgewandelt.

Die Real-time PCR verläuft in den Well-Plates [pleɪts] oder in Kapillaren. Im Unterschied zu einer konventionellen PCR enthält der Reaktionsmix zusätzlich noch ein oder zwei sequenzspezifische Oligonukleotide, die mit einem fluoreszierenden Farbstoff markiert sind, die sogenannten **Sonden.** Dadurch kann die Menge an PCR-Produkten in Echtzeit detektiert und am Bildschirm des Computers in Form einer Kurve dargestellt werden (Abb. 2.13). Diese Art der PCR wird oft für eine schnelle Bestimmung der Gene in Routinelabors verwendet.

Die **Fluoreszenz** nimmt proportional mit der Menge der PCR-Produkte zu. Ist die Probe negativ, bleibt die Linie gerade. Die Messung des Fluoreszenzsignals erfolgt einmal pro Zyklus.

Es gibt verschiedene Arten von Sonden. In diesem Buch werden die zwei derzeit am häufigsten verwendeten Sonden beschrieben: die TaqMan-Sonde und die Hybridisierungssonde.

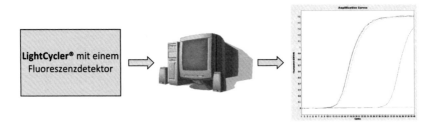

Abb. 2.13 Schematische Darstellung einer Real-time PCR

2.3.1 Real-time PCR mit einer TaqMan-Sonde (TaqMan-PCR)

Bei der TaqMan-PCR wird zum Reaktionsgemisch des PCR-Ansatzes außer den üblichen Reagenzien (zwei Primer, Enzym, Puffer, dNTPs und Mg^{2+}-Ionen) noch *eine* **sequenzspezifische Sonde** (TaqMan-Sonde) dazugegeben.

Die Bezeichnung „TaqMan" [tʌkmæn] entstand bei der Entwicklung dieser Methode und besteht aus zwei Teilen. Das erste Teil „Taq" bezieht sich auf die Taq-Polymerase, mit der man arbeitet. Das zweite Teil „Man" ist an das Computerspiel „PacMan" angelehnt, in dem ein rundes Wesen möglichst viele Punkte entlang eines Weges „auffressen" soll: ähnlich wie die Taq-Polymerase die Sonde während der Strangsynthese „zerknabbert".

Die TaqMan-Sonde ist ein einzelsträngiges Oligonukleotid, das sich an die Ziel-Sequenz im $3' \rightarrow 5'$-DNA-Strang anlagern kann und das mit einem **Reporter-Farbstoff** (am 5'-Ende) und einem **Quencher** [kwen(t)ʃər] (am 3'-Ende) versehen ist (Tab. 2.7). Der Reporter-Farbstoff hat eine für die Fluorophore typische Struktur. Die Fluorophore sind Stoffe, die leuchten können, sie fluoreszieren.

Das Fluoreszenzsignal des Reporter-Moleküls, des leuchtenden Moleküls, wird durch das Quencher-Molekül unterdrückt (gelöscht). Bei dem Anlagerungs-Schritt lagern sich der F-Primer und die TaqMan-Sonde nicht weit voneinander an und somit liegt die Sonde später auf dem Weg der Taq-Polymerase.

Die Taq-Polymerase synthetisiert den DNA-Strang beginnend beim Forward-Primer. Gleichzeitig wird die TaqMan-Sonde, die auf dem Weg der Taq-Polymerase liegt, abgebaut (hydrolysiert). Durch den Abbau der Sonde wird der

Tab. 2.7 Forward-Primer, Reverse-Primer und TaqMan-Sonde für den Nachweis des „stx2"-Gens mittels TaqMan-PCR. (Quelle der Primer und Sonde Sequenz: Perelle et al. 2004, S. 186)

Bezeichnung der Primer	Primer-Sequenz	Länge	Position im Gen
Forward-Primer	5'- TTT GTC ACT GTC ACA GCA GAA GCC TTA CG -3'	29 Basen	785–813 bp
Reverse-Primer	3'- CT GCA CCT GGA GTG AGA CTT GAC CCC -5'	26 Basen	887–912 bp
TaqMan-Sonde	5'- (LC®Red-640)- TCG TCA GGC ACT GTC TGA AAC TGC TCC -(BHQ-1) -3'	27 Basen	838–864 bp

Reporter-Farbstoff von der Sonde getrennt und der Quencher kann die Fluoreszenz des Reporters nicht mehr unterdrücken (Abb. 2.15). Dadurch leuchtet der Reporter-Farbstoff, das Fluoreszenzsignal steigt an und ist auf dem Bildschirm des Computers sofort sichtbar (Abb. 2.16). Daher der Name Real-time PCR.

In Abb. 2.14 ist ein DNA-Abschnitt des „stx2"-Gens von 721 bp bis 1020 bp dargestellt. In dem DNA-Abschnitt ist die spezifische Sequenz für den Forward-Primer zwischen 785 bp und 813 bp markiert. Die spezifische Sequenz für den Reverse-Primer ist zwischen 887 bp und 912 bp markiert. Die spezifische Sequenz für die TaqMan-Sonde ist zwischen 838 bp und 864 bp markiert.

Das PCR-Produkt wird 128 Basen lang, wie in Abb. 2.14 ersichtlich ist. Während der PCR lagert sich der Forward-Primer „stx2_F" von der 785. Base bis zur 813. Base an den $3' \rightarrow 5'$-Strang an. Der Reverse-Primer, „stx2_R" lagert sich von der 887. Base bis zur 912. Base an den $5' \rightarrow 3'$-Strang an. Die TaqMan-Sonde, „Taq_stx2" lagert sich von der 838. Base bis zur 864. Base an den $3' \rightarrow 5'$-Strang zwischen den beiden Primer-Sequenzen an. Das amplifizierte Fragment beginnt mit „t" und endet mit „g", Anfang und Ende sind fett gedruckt und grau markiert (Abb. 2.14). Die Länge des PCR-Produktes kann man folgendermaßen berechnen:

$912 - 785 + 1 = 128$ Basen
Das PCR-Produkt ist 128 bp lang.

GenBank_Nummer: X07865.1

Gesamt Größe: 1664 bp

```
1 ...720

721 tctggcgtt aatggagttca gtggtaatac aatgaccaga gatgcatcca gagcagttct

781 gcgt ttgtc actgtcacag cagaagcctt acg ttcagg cagatacaga gagaatt tcg

841 tcaggcactg tctgaaactg ctc tgtgta tacgatgacg ccggg agacg tggacctcac

901 tctgaactgg gg cgaatca gcaatgtgct tccggagtat cggggagagg atggtgtcag

961 agtggggaga atatcctta ataatatatc agcgatactg gggactgtgg ccgttatact

1021 ... 1664
```

Abb. 2.14 Spezifische Sequenz für die Primer und TaqMan-Sonde im „stx2"-Gen des Bakteriums *Escherichia coli.* (Quelle: http://www.ncbi.nlm.nih.gov/nuccore/X07.865 [04.07.2014])

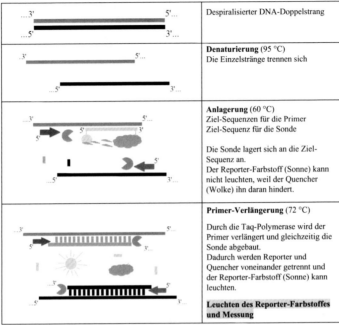

…3' ————— 5'… …5' ————— 3'…	Despiralisierter DNA-Doppelstrang
…3' ————— 5'… …5' ————— 3'…	**Denaturierung** (95 °C) Die Einzelstränge trennen sich
…3' ————— 5'… 5' ▶ ◖ 5' ———— 3'… ▮ ▮ ◖ ◀ 5' …5' ———— 3'…	**Anlagerung** (60 °C) Ziel-Sequenzen für die Primer Ziel-Sequenz für die Sonde Die Sonde lagert sich an die Ziel-Sequenz an. Der Reporter-Farbstoff (Sonne) kann nicht leuchten, weil der Quencher (Wolke) ihn daran hindert.
…3' ————— 5'… 5' ▶llllllll 3'… ☼ ☁ …3' llllllllll ◀ 5' …5' ————— 3'…	**Primer-Verlängerung** (72 °C) Durch die Taq-Polymerase wird der Primer verlängert und gleichzeitig die Sonde abgebaut. Dadurch werden Reporter und Quencher voneinander getrennt und der Reporter-Farbstoff (Sonne) kann leuchten. **Leuchten des Reporter-Farbstoffes und Messung**

Legende zum TaqMan-PCR-Verlauf

3' ————— 5'	3'→5'-DNA-Strang
5' ————— 3'	5'→3'-DNA-Strang
5' ▶	Forward-Primer, z. B. 5' - TTT GTC ACT GTC ACA GCA GAA GCC TTA CG -3'
◀ 5'	Reverse-Primer, z. B. 3' -CT GCA CCT GGA GTG AGA CTT GAC CCC -5'
5' ☼ ☁ 3'	TaqMan-Sonde, z. B. 5'-(LC*Red 640)- TCG TCA GGC ACT GTC TGA AAC TGC TCC-(BHQ-1) -3' LC*Red 640 als Reporter-Farbstoff, BHQ-1 als Quencher
☼	Reporter-Farbstoff
☁	Quencher (Löscher)
5' llllll 3'	DNA-Fragment, das mit Hilfe der F-Primer synthetisiert wurde
3' lllll 5'	DNA-Fragment, das mit Hilfe der R-Primer synthetisiert wurde
▬ ▮	Desoxyribonukleotide (dNTPs), dATP, dTTP, dGTP, dCTP
◖	Taq-Polymerase

Abb. 2.15 Schematische Darstellung einer TaqMan-PCR

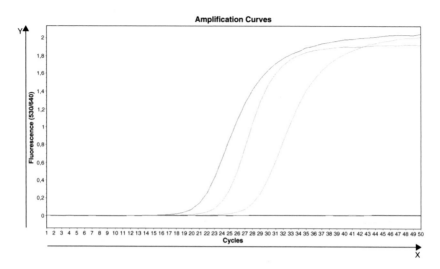

Abb. 2.16 Grafische Darstellung einer Real-time PCR mit der TaqMan-Sonde auf dem Computerbildschirm. (© Oksana Ableitner, AGES GmbH)

In Abb. 2.16 ist eine grafische Darstellung einer Real-time PCR mit der TaqMan-Sonde auf dem Computerbildschirm gezeigt. Die X-Achse steht für die Anzahl der Zyklen, die Y-Achse für die Fluoreszenzintensität bei bestimmter Wellenlänge z. B. bei 530 nm. Je mehr PCR-Produkte sich bilden, umso mehr Reporter-Farbstoff-Moleküle werden frei und die Fluoreszenz steigt. Ist die Probe negativ, bleibt die Fluoreszenz auf einem gleichen Wert und man sieht eine Gerade.

Die Bestimmung der Menge an gebildeten PCR-Produkten basiert auf der Berechnung des Fluoreszenz-Wertes, des sogenannten **Ct-Wertes** (engl. „Cycle Threshold" [ˈsaɪklˈθreʃ(h)əʊld], Zyklus des Schwellenwertes), durch eine Software. Je kleiner der Ct-Wert ist, desto mehr DNA mit der Ziel-Sequenz ist in der Probe vorhanden.

Am Anfang der PCR-Reaktion wird nur die Hintergrundfluoreszenz gemessen. Man sieht nur eine Linie. Ab einem bestimmten Zyklus werden genug Reporter-Farbstoff-Moleküle frei sein, um den Fluoreszenzanstieg detektieren zu können. Danach steigt die Fluoreszenz sehr schnell an. Den Anfang dieses schnellen Anstieges nennt man **Ct-Wert** und charakterisiert ihn mit der entsprechenden Zykluszahl.

Die Real-time PCR kommt ab einem bestimmten Zyklus in die **Plateau-Phase,** in der der Fluoreszenzwert konstant bleibt (Abb. 2.17). Mögliche Ursachen dafür sind: der Verbrauch an Reagenzien (Primer, Nukleotide) oder nachlassende Enzymaktivität.

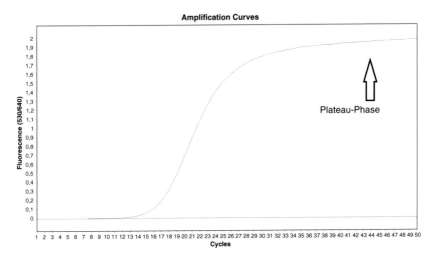

Abb. 2.17   Plateau-Phase einer Real-time PCR. (© Oksana Ableitner, AGES GmbH)

2.3.2   Real-time PCR mit Hybridisierungs-Sonden (Hybridisierungs-PCR)

Bei der Hybridisierungs-PCR werden dem Reaktionsgemisch außer den üblichen Reagenzien, wie zwei Primer, Enzym, Puffer, dNTPs und Mg^{2+}-Ionen, noch *zwei sequenzspezifische Hybridisierungs-Sonden* hinzugefügt. **Hybridisierungs-Sonden** sind zwei Oligonukleotide, die jeweils mit einem Farbstoff markiert sind. Diese Sonden werden so genannt, da sie nur dann detektierbar sind, wenn sie sich an die spezifische Sequenz des DNA-Stranges anlagern, also **hybridisieren.**

Die spezifischen DNA-Sequenzen für den Forward-Primer und für die beiden Sonden sollen so gewählt werden, dass folgende Bedingungen erfüllt sind:

1. Die beiden Hybridisierungs-Sonden sollen sich zwischen dem Forward-Primer und dem Reverse-Primer an den $3' \rightarrow 5'$-DNA-Strang anlagern.
2. Es soll eine räumliche Nähe (1–5 Nukleotide) zwischen den beiden Sonden während der Anlagerung auf dem DNA-Strang bestehen.

Nur wenn die Sonden auf die entsprechende Art hybridisieren, ist es möglich, den Farbstoff und somit die DNA-Fragmente zu detektieren.

In Abb. 2.18 ist ein DNA-Abschnitt des „stx1"-Gens von der 181. Base bis zur 900. Base abgebildet. Während der PCR lagert sich der Forward-Primer „stx1_F" von der 280. Base bis zur 300. Base an den $3'{\rightarrow}5'$-Strang an. Der Reverse-Primer, „stx1_R" lagert sich von der 781. Base bis zur 800. Base an den $5'{\rightarrow}3'$-Strang an. Die erste Hybridisierungs-Sonde, „Hyb_1_stx1", lagert sich von der 570. Base bis zur 598. Base an den $3'{\rightarrow}5'$-Strang zwischen den beiden Primer-Sequenzen an (Tab. 2.8). Die zweite Hybridisierungs-Sonde, „Hyb_2_stx1", lagert sich von der 601. Base bis zur 627. Base an den $3'{\rightarrow}5'$-Strang zwischen den beiden Primer-Sequenzen an. Das amplifizierte Fragment beginnt mit „g" und endet mit „a", Anfang und Ende sind fett gedruckt und grau markiert (Abb. 2.18). Die Länge des PCR-Produktes kann man folgendermaßen berechnen:

$280 - 800 + 1 = 521$ Basen
Das PCR-Produkt ist 521 bp lang.

GenBank: AB015056.1
Gesamtgröße des Gens: 1238 bp

```
  1 ...180
181 ctgatgattg atagtggcac aggggataat ttgtttgcag ttgatgtcag agggatagat
241 ccagaggaag ggcggtttaa taatctacgg cttattgttg aacgaaataa tttatatgtg
301 acaggatttg ttaacaggac aaataatgtt ttttatcgct ttgctgattt ttcacatgtt
361 acctttccag gtacaacagc ggttacattg tctggtgaca gtagctatac cacgttacag
421 cgtgttgcag ggatcagtcg tacggggatg cagataaatc gccattcgtt gactacttct
481 tatctggatt taatgtcgca tagtggaacc tcactgacgc agtctgtggc aagagcgatg
541 ttacggtttg ttactgtgac agctgaagct ttacgttttc ggcaaataca gaggggattt
601 cgtacaacac tggatgatct cagtgggcgt tcttatgtaa tgactgctga agatgttgat
661 cttacattga actggggaag gttgagtagc gtcctgcctga ctatcatgg acaagactct
721 gttcgtgtag gaagaatttc ttttgaagc attaatgcaa ttctgggaag cgtggcatta
781 atactgaatt gtcatcatca tgcatcgcga gttgccagaa tggcatctga tgagtttcct
841 tctatgtgtc cggcagatgg aagagtccgt gggattacgc acaataaaat attgtgggat
901 ...1238
```

Abb. 2.18 Spezifische Sequenzen für die Primer (Forward und Reverse) und zwei Hybridisierungs-Sonden im „stx1"-Gen des Bakteriums *Escherichia coli*. (Quelle: http://www. ncbi.nlm.nih.gov/nuccore/AB015.056 [04.07.2014])

Tab. 2.8 Forward-Primer, Reverse-Primer und Hybridisierungs-Sonden für den Nachweis des „stx1"-Gens mittels einer Real-time PCR mit Hybridisierungs-Sonden. (Quelle der Primer Sequenz: Reischl et al. 2002, S. 2557)

Bezeichnung der Primer	Primer-Sequenz	Länge	Position im Gen
Forward-Primer Stx1_F	5'- GAA CGA AAT AAT TTA TAT GTG -3'	21 Basen	280–300 bp
Reverse-Primer Stx1_R	3'- TAT GAC TTA ACA GTA GTA GT-5'	20 Basen	781–800 bp
Hybridisierungs-Sonde 1	5' -TTT ACG TTT TCG GCA AAT ACA GAG GGG AT -**Fluorescein**-3'	29 Basen	570–598 bp
Hybridisierungs-Sonde 2	5'-(**LC®Red 640**)- CGT ACA ACA CTG GAT GAT CTC AGT GGG -3'	27 Basen	601–627 bp

In diesem Beispiel ist das 3'-Ende der ersten Sonde mit *Fluorescein* (Donor) und das 5'-Ende der zweiten Sonde mit *LC®Red 640* (Akzeptor) markiert. Der **Donor** gibt die Energie ab und der **Akzeptor** nimmt sie auf. Wenn die Sonden in der Lösung schwimmen, leuchten sie nicht und erzeugen nur eine niedrige Grundfluoreszenz.

Wenn sich diese zwei Sonden benachbart an den DNA-Strang anlagern **(hybridisieren),** dann überträgt der Donor (Farbstoff-Fluorescein) seine Energie auf den Akzeptor (Farbstoff – LC®Red 640) und das Akzeptor-Farbstoffmolekül leuchtet. Diese Energieübertragung wird **FRET** genannt (**F**luoreszenz-**R**esonanz-**E**nergie-**T**ransfer).

Weil die beiden Sonden sich nach der Anlagerung auf dem Weg der Taq-Polymerase befinden, werden sie durch das Enzym verdrängt, die gleichzeitig den DNA-Strang synthetisiert. Die Farbstoffmoleküle befinden sich nach der Sonden-verdrängung nicht mehr nahe genug zueinander, um die Energie übertragen zu können. Aus diesem Grund leuchtet das Akzeptor-Farbstoffmolekül nicht mehr. Somit wird die Menge an PCR-Produkten bei der Hybridisierung-PCR in der Anlagerungs-Phase detektiert (Abb. 2.19).

Zusätzlich zu einem direkten Reaktionsverlauf, wie bei der TaqMan-PCR, wird bei der Hybridisierungs-PCR eine **Schmelzkurve** dargestellt (Abb. 2.20). Dadurch werden unterschiedliche PCR-Produkte, falls solche entstanden sind, getrennt und charakterisiert. Diese PCR-Produkte weisen sehr geringe Unterschiede in der Sequenz auf. So können verschiedene Varianten eines Gens (Abb. 2.21) nachgewiesen werden.

Nach dem letzten Amplifikationszyklus wird das Reaktionsgemisch abgekühlt und schrittweise erhitzt (40–95 °C). Nach regelmäßigen Zeitabschnitten wird die Fluoreszenz gemessen. Je kürzer die PCR-Produkte sind, desto geringer ist der Wert des Schmelzpunktes (Tm).

Der Schmelzpunkt („T"-Temperatur, „m" von engl. „melting point") ist die Temperatur, bei der die Hälfte der PCR-Produkte als doppelsträngige DNA-Fragmente vorliegen. Die Höhe des Peaks der Schmelzkurve gibt annähernd Auskunft über die Menge des gebildeten PCR-Produktes.

Die Verwendung von Hybridisierungs-Sonden ermöglicht eine sehr spezifische Detektion der PCR-Produkte.

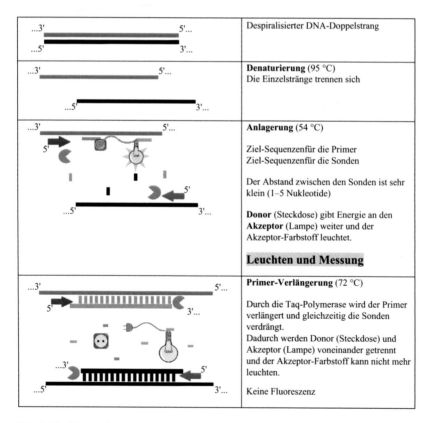

Abb. 2.19 Schematische Darstellung einer Hybridisierungs-PCR

Legende zum Hybridisierungs-PCR-Verlauf

...3'⎯⎯⎯⎯⎯5'...	3'→5'-DNA-Strang
...5'⎯⎯⎯⎯⎯3'...	5'→3'-DNA-Strang
5' ➤	Forward-Primer 5'- GAA CGA AAT AATTTA TAT GTG -3'
◄ 5'	Reverse-Primer 3'- TAT GAC TTA ACA GTA GTA GT -5'
⬤	Erste Hybridisierungs-Sonde 5'-TTT ACG TTT TCG GCA AAT ACA GAG GGG AT-**Fluorescein**-3'
💡	Zweite Hybridisierungs-Sonde 5'-**LC®Red 640**-TCG TAC AAC ACT GGA TGA TCT CAG TGG G-3'
5' ⫿⫿⫿⫿⫿ 3'	DNA-Fragment, das mit Hilfe des F-Primers synthetisiert wurde
3' ⫿⫿⫿⫿⫿ 5'	DNA-Fragment, das mit Hilfe des R-Primers synthetisiert wurde
▬ ❘	Desoxyribonukleotide (dNTPs), dATP, dTTP, dGTP, dCTP
◖	Taq-Polymerase

Abb. 2.19   (Fortsetzung)

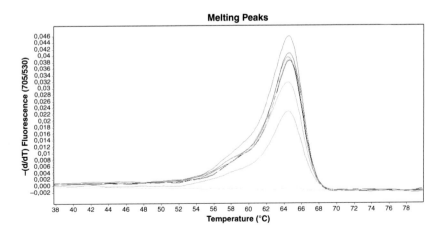

Abb. 2.20   Grafische Darstellung einer Real-time PCR mit den Hybridisierungs-Sonden (Hybridisierungs-PCR). Alle PCR-Produkte haben den gleichen Tm-Wert. (© Oksana Ableitner, AGES GmbH)

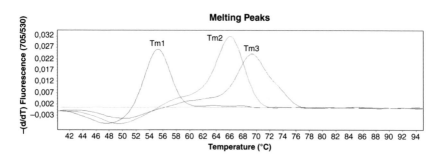

Abb. 2.21 Verschiedene PCR-Produkte bei einer Hybridisierungs-PCR (Tm1 $= 55$ °C, Tm2 $= 66$ °C; Tm3 $= 69$ °C). (© Oksana Ableitner, AGES GmbH)

2.3.3 Vergleich zwischen TaqMan-PCR und Hybridisierungs-PCR

Die Hybridisierungs-PCR kann für die Quantifizierung und für die Genotypisierung verwendet werden. Die Typisierung erfolgt über eine Schmelzkurven-Analyse des PCR-Produktes. Verschiedene Typen bilden unterschiedlich große Fragmente, die bei verschiedenen Temperaturen schmelzen.

Tab. 2.9 Vergleich von TaqMan-PCR und Hybridisierungs-PCR

Parameter	TaqMan-PCR	Hybridisierungs-PCR
Detektor	Fluoreszenz	Fluoreszenz
Sonden	**Eine Sonde** Mit dem Reporter-Farbstoff und dem Quencher	**Zwei Sonden** Mit jeweils einem Farbstoff (Donor am 3'- und Akzeptor am 5'-Ende)
Detektion	Beim Sonden-Zerfall (Hydrolyse)	Bei der Sonden-Anlagerung (Hybridisierung)
PCR-Schritt, bei dem detektiert wird	3-ter PCR Schritt: Verlängerung des Primers	2-ter PCR Schritt: Anlagerung der Primer und Sonden
Grafische Darstellung		

Die Hybridisierungs-PCR ist in speziellen Fällen der TaqMan-PCR überlegen, weil auch Unterschiede zwischen den Varianten des Gens detektiert werden können. Die wichtigsten Unterschiede sind in Tab. 2.9 zusammengefasst.

2.4 Sequenzierung

In diesem Buch wird Sequenzierung am Beispiel der „Sanger"-Methode [ˈsæŋgər] und der Kapillarelektrophorese erklärt. Bei einer Sequenzierung wird die Nukleotid-Reihenfolge, die **Sequenz,** in einem DNA-Einzelstrang bestimmt. Diese Methode wird zum Nachweis von Mutationen in der DNA oder zur Identifizierung von Krankheitserregern eingesetzt. Die Auswertung der Ergebnisse erfolgt, indem man die erhaltene Nukleotid-Reihenfolge, das Sequenzierungsergebnis, mit bekannten Referenzsequenzen in der Datenbank vergleicht. Die Sequenzierung wird auch für die Entschlüsselung des **genetischen Codes** verschiedener Organismen verwendet.

Als Vorstufe zu der „Sanger"-Sequenzierung werden **zwei** aufeinanderfolgende **PCRs** durchgeführt.

Mithilfe einer **Amplifikations-PCR** erhält man innerhalb von 30 Zyklen eine Milliarde DNA-Fragmente mit der ausgewählten spezifischen Sequenz. Diese liegen dann in ausreichender Konzentration für die nächste PCR vor. Dann wird die sogenannte **„Sequenzierungs-PCR"** durchgeführt, in der man zusätzlich zu den üblichen dNTPs noch die **ddNTPs** zugibt.

Didesoxyribo-Nukleosid-Triphosphate (ddNTP) sind Nukleotide, die bei der DNA-Sequenzierung nach „Sanger" Verwendung finden. Die ddNTPs sind gleich wie die dNTPs (**Desoxy**ribo-Nukleosid-Triphosphate) aufgebaut. Allerdings fehlen der Ribose an den **2′- und 3′-Kohlenstoffatomen** die zwei Sauerstoffatome (Abb. 2.22). Somit enthalten alle ddNTPs **Didesoxyribose** statt Ribose. Dadurch fehlt am **3′-Ende** des DNA-Stranges die Hydroxylgruppe, an der bei der Strangverlängerung in der PCR das nächste Nukleotid angehängt werden könnte.

Baut die DNA-Polymerase während der Strangverlängerung an einer Stelle ein solches **ddNTP** ein, so kann kein weiteres Nukleotid angehängt werden und die Polymerisation bricht an dieser Stelle ab. Man kann deshalb vereinfacht von **Stopp-Nukleotiden** sprechen. Zusätzlich ist jedes von den vier ddNTPs-Arten mit einem anderen **Fluoreszenzfarbstoff** markiert (Tab. 2.10).

Bei der **Sequenzierungs-PCR** lagern sich die **ddNTPs** zeitlich zufällig an. Die DNA-Polymerase baut Nukleotide komplementär ein. Zu einem A auf dem DNA-Strang baut sie ein T aus der Lösung und zu einem C baut sie ein G ein. Manchmal werden dNTPs eingebaut und manchmal ddNTPs. Sobald ein ddNTP

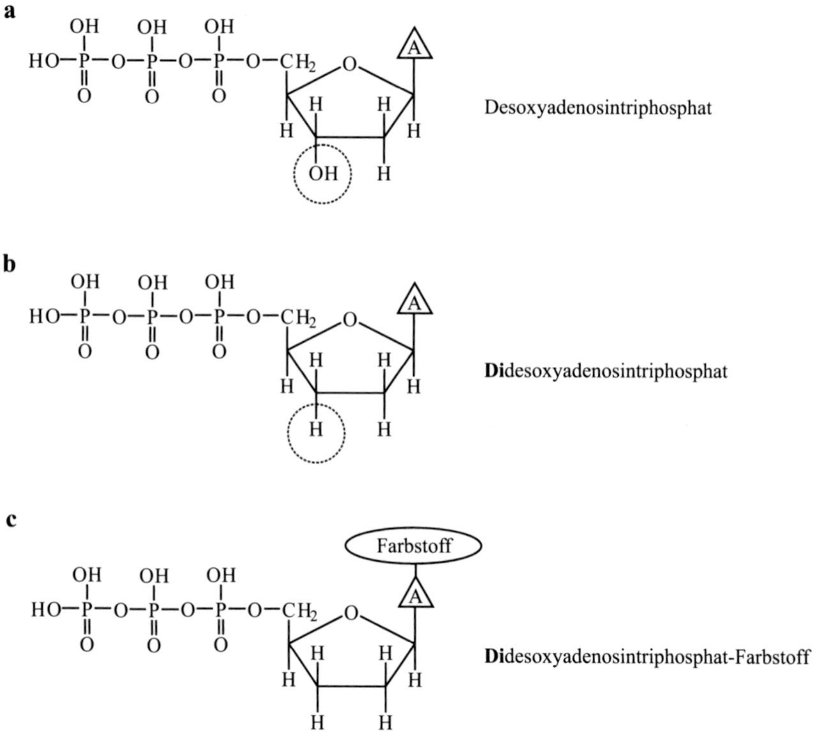

a

$$HO-\overset{OH}{\underset{O}{\overset{|}{P}}}-O-\overset{OH}{\underset{O}{\overset{|}{P}}}-O-\overset{OH}{\underset{O}{\overset{|}{P}}}-O-CH_2$$

Desoxyadenosintriphosphat

b

$$HO-\overset{OH}{\underset{O}{\overset{|}{P}}}-O-\overset{OH}{\underset{O}{\overset{|}{P}}}-O-\overset{OH}{\underset{O}{\overset{|}{P}}}-O-CH_2$$

Didesoxyadenosintriphosphat

c

$$HO-\overset{OH}{\underset{O}{\overset{|}{P}}}-O-\overset{OH}{\underset{O}{\overset{|}{P}}}-O-\overset{OH}{\underset{O}{\overset{|}{P}}}-O-CH_2$$

Didesoxyadenosintriphosphat-Farbstoff

Abb. 2.22 Vergleich der dATP (**a**), ddATP (**b**), ddATP-Farbstoff (**c**)

Tab. 2.10 Farbstoffmarkierung bei ddNTPs und das Entstehen der markierten Fragmente

Di-des-oxy-ribo-nukleotid	Farbstoff	DNA-Fragmente, die während der Sequenzierungs-PCR entstehen
ddATP	grün	5' - CCT AGT TTC AAA -3'
ddGTP	schwarz	5'- CCT AGT TTC AAA G -3'
ddCTP	blau	5'- CCT AGT TTC AAA GC -3'
ddTTP	rot	5'- CCT AGT TTC AAA GCT-3'

eingebaut ist, bricht die Strangsynthese ab. Am Ende der Sequenzierungs-PCR entstehen unterschiedlich lange DNA-Fragmente, die am Ende mit einem Farbstoff markiert sind (Tab. 2.10).

Diese DNA-Fragmente werden im Sequenzer durch **Kapillarelektrophorese** getrennt. Für die Trennung wird eine sehr dünne und lange Kapillare (z. B. 47 cm × 50 µm) mit einem Polymer (Medium) gefüllt. Die unterschiedlich langen DNA-**Fragmente wandern** unterschiedlich schnell durch das Polymer in der Kapillare und kommen so zu **unterschiedlichen Zeiten** am **Detektor** vorbei. Gruppen von Fragmenten mit der gleichen Länge kommen beim Detektor zu gleicher Zeit an. Die Fragmente enden alle auf gleichen Buchstaben. Die Summe der Leuchtkraft aller markierten Nukleotide ergibt ein Signal (Abb. 2.23).

Die Detektorsignale werden am Bildschirm des Computers als „**Peaks**" dargestellt (Abb. 2.24). Die **Farbe der Peaks** wird durch die Software in **Buchstaben** umgewandelt (übersetzt).

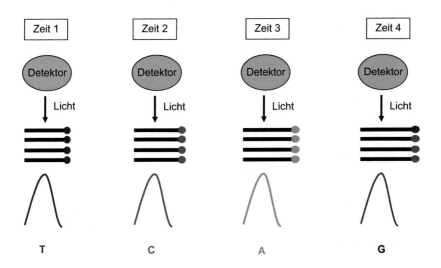

Abb. 2.23 Entstehung eines Signales bei der Sequenzierung

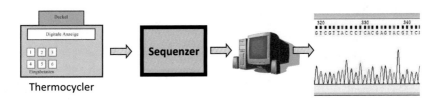

Abb. 2.24 Schematische Darstellung der Sequenzierung

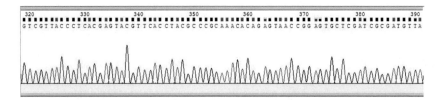

Abb. 2.25 Ergebnis der Sequenzierung. (© Oksana Ableitner, AGES GmbH)

In Abb. 2.25 sieht man einen DNA-Abschnitt von der Base Nr. 319 bis zur Base Nr. 391. Im unteren Bereich sieht man die Peaks, die im Verlauf der **Kapillarelektrophorese** detektiert wurden. Im oberen Bereich sind die Buchstaben der jeweiligen Basen aufgelistet. Diese sehr lange Buchstabenzeile ist das Ergebnis der Sequenzierung.

Die Schritte der Sequenzierung

1. DNA-Isolation
2. Amplifikations-PCR (PCR-Produkt A entsteht)
3. Gelelektrophorese zur PCR-Kontrolle
4. Aufreinigung des PCR-Produktes A
5. Sequenzierungs-PCR (aus dem PCR-Produkt A entsteht PCR-Produkt B)
6. Aufreinigung des PCR-Produktes B
7. Kapillarelektrophorese
8. Datenbank-Vergleich

Schritt 1. DNA-Isolation. Manuelle oder automatisierte Isolation. Isolat stellt eine DNA-haltige Lösung dar.
Schritt 2. Amplifikations-PCR. Vervielfältigung von spezifischen DNA-Fragmenten. Entstehung des PCR-Produktes A.

Reaktionskomponenten

• DNA-Isolat
• DNA-Polymerase
• Primer (F, R)
• Mg^{2+}-Ionen

- Desoxyribonukleotide (dATP, dTTP, dCTP, dGTP)
- Puffer

Schritt 3. Gelelektrophorese. Dient der Kontrolle der PCR, ob und welche PCR-Produkte bei der Amplifikations-PCR entstanden sind.
Schritt 4. Aufreinigung des PCR-Produktes A. Überschüssige Reagenzien (DNA-Polymerase, dNTPs …) werden entfernt, um unspezifische Anlagerungen bei der nächsten PCR zu vermeiden.
Schritt 5. Sequenzierungs-PCR. Vervielfältigung von spezifischen DNA-Fragmenten. Entstehung des PCR-Produktes B aus dem PCR-Produkt A. Anlagerung von ddNTPs am Ende der unterschiedlich langen DNA-Fragmente. Bei dieser PCR werden Primer F und Primer R in getrennten PCR-Tubes eingesetzt.

Reaktionskomponenten

- gereinigtes PCR-Produkt A aus der Amplifikations-PCR
- DNA-Polymerase
- Primer F oder Primer R, getrennt eingesetzt (zwei PCR-Tubes)
- Mg^{2+}-Ionen
- Desoxyribonukleotide (dATP, dTTP, dCTP, dGTP)
- **Didesoxy**ribonukleitide (**ddATP, ddTTP, ddCTP, ddGTP**)
- Puffer

Schritt 6. Aufreinigung des PCR-Produktes B. Die ungebundenen ddNTPs und die überschüssigen Salze, die nach der Sequenzierungs-PCR geblieben sind, werden entfernt, um unspezifische Detektionen am Sequenzer zu vermeiden.
Schritt 7. Kapillarelektrophorese. Unterschiedlich lange DNA-Fragmente kommen unterschiedlich schnell an dem Detektor vorbei (je kürzer, desto schneller) und werden mit dem Laser bestrahlt. Dadurch wird der Fluoreszenzfarbstoff des ddNTPs angeregt und kann detektiert werden. Die Peaks werden, je nach der Farbe, in Buchstaben übersetzt. Die Kapillarelektrophorese erfolgt z. B. bei 60 °C.
Schritt 8. Datenbank-Vergleich. Je nach Fragestellung werden unterschiedliche Datenbanken zum Vergleich der Sequenzen herangezogen. Befunderstellung.

In Abb. 2.26 sieht man die Peaks von einem DNA-Abschnitt, der auf dem DNA-Strang zwischen der Base Nr. 360 und der Base Nr. 390 liegt. Unten erkennt man

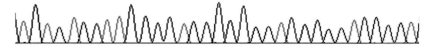

Abb. 2.26 Zuordnung der Buchstaben zu den „Peaks". (© Oksana Ableitner, AGES GmbH)

die Peaks und oben die zugeordneten Buchstaben, die Basen. Die Sequenz zwischen 370 bp und 380 bp: GGA GTG CTC GA. Wenn man einen komplementären Strang dazu synthetisieren würde, dann hätte der Strang folgende Sequenz: CCT CAC GAG CT.

2.5 MLST

Um die MLST-Methode erklären zu können, ist es wichtig, den Begriff „Allel" kennenzulernen. Alle Organismen unterscheiden sich durch Genvarianten. Es gibt Gene mit vielen und Gene mit wenigen Varianten.

Genvarianten von einem Gen, die sich durch **Punktmutationen** voneinander unterscheiden, nennt man **Allele**. Eine Punktmutation ist der Austausch nur einer Base in einem Gen. Bei einem Organismus zum Beispiel befindet sich an der 1234. Position im Gen *aroC* ein „A" und bei einem anderen Organismus an der 1234. Position im Gen *aroC* ein „G". Diese Punktmutationen werden „Snips" SNPs (eng. **S**ingle **N**ucleotide **P**olymorphism) genannt.

Als Beispiel eines SNP möchte ich zwei Allele, die für die Augenfarbe beim Menschen verantwortlich sind, erwähnen. Für die Augenfarbe sind mehre Gene verantwortlich. Eines davon ist das Gen „HERC2". Dieses Gen enthält ein SNP namens „rs12913832". SNP „rs12913832" befindet sich an der Position 28120472 im Chromosom Nr. 15. Wenn sich bei einem Menschen auf diesem Chromosom an der Position 28120472 ein „A" befindet, hat er braune Augen. Wenn sich bei einem Menschen an der Position 28120472 ein „G" befindet, hat er blaue Augen (Quelle: https://www.snpedia.com/index.php/Rs12913832 [19.08.2017]).

MLST-Methode (eng. **M**ulti-**L**ocus **S**equence **T**yping) ist eine von vielen Typisierungs-Methoden in der Molekularbiologie. Das Ziel von Typisierungsmethoden ist es, Genomabschnitte verschiedener Organismen einer Spezies untereinander zu vergleichen, um Unterschiede und Gemeinsamkeiten der Genome zu bestimmen.

Dazu werden bestimmte Bereiche des Genoms sequenziert und danach mit den bekannten Referenzsequenzen in der MLST-Datenbank verglichen. Aus dem gesamten Genom werden einzigartige Gene bzw. Genabschnitte ausgesucht, die einerseits typisch (konserviert) für eine Spezies sind und andererseits Mutationen aufweisen.

Bei der MLST-Methode werden tausende von SNPs mit einem Referenzgenom (Referenzsequenz) verglichen.

Für die MLST-Typisierung von dem Bakterium *Salmonella enterica* wurden sieben Gene ausgesucht. MLST-Gene für *Salmonella enterica* sind: *thrA, purE, sucA, hisD, aroC, hemD, dnaN* (Harbottle et al. 2006, S. 2453). Das sind sogenannte **Haushaltsgene** (eng. housekeeping genes), die für die wichtigsten Funktionen und lebenswichtigen Prozesse in der Zelle zuständig sind.

Die MLST-Methode für *Salmonella enterica* konzentriert sich auf die Bestimmung der Genvarianten (Allelen) von diesen sieben Genen. Als Beispiel kann man in Abb. 2.27 zwei Allele des Gens *aroC* sehen. Die Punktmutationen, durch

aroC Allel 1

GTTTTTCG**C**CCGGGACACGCGGATTACACCTATGAGCAGAAATACGGCCTGCGCGATTACCGCG
GCGGTGGACGTTCTTCCGCGCGTGAAACCGCGATGCGCGTAGCGGCAGGGGCGATCGCCAAGAA
ATAC**T**TGGCGGAAAAGTTCGGCATCGAAATCCGCGGCTGCCTGACCCAGATGGGCGACATTCCG
CTGGAGATTAAAGACTGGCGTCAGGTTGAGCTTAATCCGTTCTTTTGCCCCGATGCGGACAAAC
TTGACGCGCTGGACGAACTGATGCGCGCGCTGAAAAAAGAGGGTGACTCCATCGGCGCGAAAGT
GACGGTGATGGCGAGCGGCGTGCCGGCAGGGCTTGGCGAACCGGTATTTGACCGACTGGATGCG
GACATCGCCCATGCGCTGATGAGCAT**C**AATGCGGTGAAAGGCGTGGAGATCGGCGAAGGATTTA
ACGTGGTGGCGCTGCG**C**GGCAGCCAGAATCGCGATGAAATCACGGCGCAGGGT

aroC Alell 2

GTTTTTCG**T**CCGGGACACGCGGATTACACCTATGAGCAGAAATACGGCCTGCGCGATTACCGTG
GCGGTGGACGTTCTTCCGCGCGTGAAACCGCGATGCGCGTAGCGGCAGGGGCGATCGCCAAGAA
ATAC**C**TGGCGGAAAAGTTCGGCATCGAAATCCGCGGCTGCCTGACCCAGATGGGCGACATTCCG
CTGGAGATTAAAGACTGGCGTCAGGTTGAGCTTAATCCGTTCTTTTGCCCCGATGCGGACAAAC
TTGACGCGCTGGACGAACTGATGCGCGCGCTGAAAAAAGAGGGTGACTCCATCGGCGCGAAAGT
GACGGTGATGGCGAGCGGCGTGCCGGCAGGGCTTGGCGAACCGGTATTTGACCGACTGGATGCG
GACATCGCCCATGCGCTGATGAGCAT**T**AATGCGGTGAAAGGCGTGGAGATCGGCGAAGGATTTA
ACGTGGTGGCGCTGCG**T**GGCAGCCAGAATCGCGATGAAATCACGGCGCAGGGT

Abb. 2.27 Sequenzen von zwei Allelen des Gens *aroC* mit markierten Punktmutationen. (Quelle: https://pubmlst.org/data/alleles/senterica/aroC.tfa [03.09.2017])

die sich diese zwei Allele unterscheiden, sind grau markiert. Diese zwei Allele haben nur vier Unterschiede.

Nach der Sequenzierung, wie es in Abschn. 2.4 beschrieben wurde, wird durch einen Sequenzvergleich in der MLST-Datenbank jedem Stamm ein Sequenztyp (ST) zugeordnet (Abb. 2.30). Die Datenbank enthält die Sequenzen für alle bekannten Allele und die dazugehörigen Sequenztypen.

Zum Beispiel wurde bei der Sequenzierung folgende Sequenz für das Gen *aroC* erhalten:

aroC

GTTTTTCGTCCGGGACACGCGGATTACACCTATGAGCAGAAATACGGCCTGCGCGATTACCGTGGCGG
TGGACGTTCTTCCGCGCGTGAAACCGCGATGCGCGTAGCGGCAGGGGCGATCGCCAAGAAATACCTGG
CGGAAAAGTTCGGCATCGAAATCCGCGGCTGCCTGACCCAGATGGGCGACATTCCGCTGGAGATTAAA
GACTGGCGTCAGGTTGAGCTTAATCCGTTCTTTTGCCCCGATGCGGACAAACTTGACGCGCTGGACGA
ACTGATGCGCGCGCTGAAAAAAGAGGGTGACTCCATCGGCGCGAAAGTGACGGTGATGGCGAGCGGCG
TGCCGGCAGGGCTTGGCGAACCGGTATTTGACCGACTGGATGCGGACATCGCCCATGCGCTGATGAGC
ATCAATGCGGTGAAAGGCGTGGAGATCGGCGAAGGATTTAACGTGGTGGCGCTGCGCGGCAGCCAGAA
TCGCGATGAAATCACGGCGCAGGGT

(Quelle:https://pubmlst.org/data/alleles/senterica/aroC.tfa [03.09.2017]).

Diese Sequenz fügt man in die MLST-Datenbank in ein dafür vorgesehenes Fenster ein und erhält eine Allelnummer. In Abb. 2.28 wurde gezeigt, wie die erhaltene Sequenz des Gens *aroC* der Allelnummer 15 zugeordnet wurde.

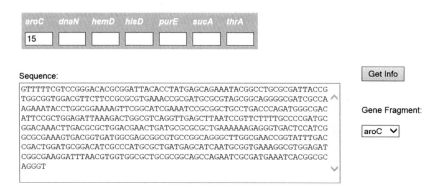

Abb. 2.28 Sequenzzuordnung zu einem Allel des Gens *aroC* in der Datenbank. (Quelle: http://mlst.warwick.ac.uk/mlst/dbs/Senterica [04.09.2017])

Im Falle des Gens *dnaN* wurde bei der Sequenzierung folgende Sequenz erhalten:

dnaN

```
ATGGAGATGGTCGCGCGCGTTACGCTTTCTCAGCCGCATGAGCCAGGCGCCACTACCGTGCC
GGCGCGGAAATTCTTTGATATCTGCCGCGGCCTGCCGGAGGGCGCGGAGATTGCCGTTCAGT
TGGAAGGCGATCGGATGCTGGTGCGTTCTGGCCGTAGCCGCTTCTCGCTGTCTACGCTGCCT
GCCGCCGATTTCCCGAATCTTGACGACTGGCAAAGCGAAGTTGAATTTACGCTGCCGCAGGC
CACGATGAAGCGCCTGATTGAAGCGACCCAGTTTTCGATGGCCCATCAGGATGTGCGCTACT
ACTTAAACGGTATGCTGTTTGAAACGGAAGGCAGCGAACTGCGCACTGTTGCGACCGACGGC
CACCGCCTGGCGGTGTGCTCAATGCCGCTGGAAGCGTCTTTACCCAGCCACTCGGTGATTGT
GCCGCGTAAAGGCGTGATTGAACTGATGCGTATGCTCGACGGCGGCGAAAACCCGCTGCGCG
TGCAG
```

(Quelle: https://pubmlst.org/data/alleles/senterica/dnaN.tfa [03.09.2017]).

In Abb. 2.29 wurde gezeigt, wie die erhaltene Sequenz des Gens *dnaN* auch der Allelnummer 15 zugeordnet wurde.

Und so werden die Sequenzen für alle sieben Gene den entsprechenden Allelen zugeordnet. Zum Schluss bekommt man auf Grund der Kombination von Allelennummern den Sequenztyp (ST). In Abb. 2.30 ist das Ergebnis für einen Salmonella-Stamm mit dem Sequenztyp ST28 dargestellt.

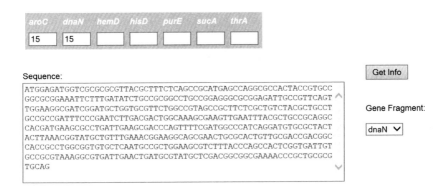

Abb. 2.29 Sequenzzuordnung zu einem Allel des Gens *dnaN* in der Datenbank. (Quelle: http://mlst.warwick.ac.uk/mlst/dbs/Senterica/ [04.09.2017])

Salmonella enterica MLST Database.

ST	aroC	dnaN	hemD	hisD	purE	sucA	thrA
ST28	15	15	19	17	5	19	18
ST28	**15**	**15**	**19**	**17**	**5**	**19**	**18**

Abb. 2.30 Suche nach einem MLST-Typ in der Datenbank. (Quelle: http://mlst.warwick.
ac.uk/mlst/dbs/Senterica/ [04.09.2017])

In Abb. 2.30 ist das Ergebnis für einen Salmonella-Stamm mit dem Sequenztyp ST28 dargestellt.
Der Stamm enthält folgende Allele:

Im Gen aroC Allel 15	(Insgesamt für aroC sind 742 Genvarianten (Allele) bekannt)
Im Gen dnaN Allel 15	(Insgesamt für dnaN sind 660 Allele bekannt)
Im Gen hemD Allel 19	(Insgesamt für hemD sind 617 Allele bekannt)
Im Gen hisD Allel 17	(Insgesamt für hisD sind 945 Allele bekannt)
Im Gen purE Allel 5	(Insgesamt für purE sind 747 Allele bekannt)
Im Gen sucA Allel 19	(Insgesamt für sucA sind 712 Allele bekannt)
Im Gen thrA Allel 18	(Insgesamt für thrA sind 776 Allele bekannt)

Um die Vielfalt der Allele zu zeigen, habe ich die Gesamtzahl der Allele zum
jeweiligen Gen angeführt (Stand 20.08.2017). Jeder Sequenztyp setzt sich aus
verschiedenen Kombinationen der Allele zusammen.
Laut der MLST-Datenbank existieren 4092 Sequenztypen für *Salmonella enterica* (Quelle: http://mlst.warwick.ac.uk/mlst/dbs/Senterica/Downloads_HTML
[20.08.2017]).

2.6   Microarray-Technologie

Bei der **Microarray**-Methode [ˌmaɪkrəəˈreɪ] verwendet man als Arbeitsoberflä-
che einen **Chip** (ca. 4 × 4 mm), der am Boden eines 1,5 ml Tubes integriert ist.
Mit dieser Methode kann man die Anwesenheit bzw. Abwesenheit mehrere Gene
bei einem Bakterienstamm bestimmen. Für die verschiedenen Fragestellungen
und die verschiedenen Spezies gibt es jeweils einen anderen Chip.

Abb. 2.31 Schematische Darstellung einer Microarray-Methode. (© Oksana Ableitner, AGES GmbH)

Bei der Herstellung des Chips werden spezifische „Andokstellen" für die verschiedenen Gene in einem Raster eingebaut. Jede „Andockstelle" entspricht einem Gen. Der Methodenverlauf ist in Abb. 2.31 dargestellt. Nach der DNA-Isolation vervielfältigt man zuerst mehrere DNA-Abschnitte mittels einer **Multiplex-PCR**. Bei dieser PCR verwendet man nicht nur zwei Primer, wie üblich, sondern über 100 Primer-Paare. Man nimmt so viele Primer, um mehr als 100 Gene nachweisen zu können. Während dieser PCR werden DNA-Abschnitte zusätzlich mit dem Biotin markiert, um die Detektion später zu ermöglichen. Im nächsten Schritt findet eine selektive **Hybridisierung** (Haftung, Anlagerung) von markierten PCR-Produkten an der Oberfläche des Chips statt. Jedes PCR-Produkt erkennt seine spezifische „Andockstelle" und bleibt dort gebunden. Jeweils eine Stelle (Punkt) am Chip ist nur für ein PCR-Produkt (Gen) spezifisch. Anschließend wird die **Oberfläche des Chips „gefärbt"**. Um die angedockten DNA-Fragmente sichtbar zu machen, nutzt man den Streptavidin-Biotin-Komplex. Biotin und Streptavidin bilden einen unlöslichen Komplex, den man schon nach 10 min sehen kann. Streptavidin verbindet sich mit dem Biotin, das an den markierten PCR-Produkten haftet. Dadurch entstehen Punkte auf dem Chip und man kann die PCR-Produkte detektieren.

Nach dem Färben wird der Chip unter Vergrößerung fotografiert. Nur dort, wo die PCR-Produkte sich angelagert haben, entsteht ein Punkt (Abb. 2.32a). Eine spezielle Software legt ein **Gitter** auf das Chip-Foto und kann so die Anwesenheit der **Gene** ermitteln (Abb. 2.32b). Die Positionen im Gitter, an denen **Punkte** erscheinen, nimmt die Software als vorhandene Gene wahr und erstellt einen Report.

Um sich die Größe des Microarray-Chips vorstellen zu können, ist in Abb. 2.33 ein Array-Tube [əˈreɪ-tjuːb] im Vergleich zu einem USB-Stick abgebildet. Der Chip befindet sich am Boden des Tubs.

Mittels der Microarray-Methode kann man innerhalb von vier Stunden die Anwesenheit bzw. Abwesenheit von mehr als 100 Genen nachweisen. Man kann diese Methode z. B. für Serotypisierung von Bakterien, für den Nachweis von Resistenzen oder den Nachweis von Toxinen verwenden.

a   b

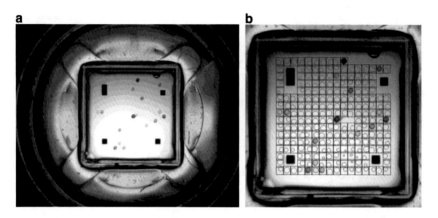

Abb. 2.32 Foto von einem Microarray-Chip nach der Vergrößerung (**a**), Microarray-Chip mit dem Gitter für Auswertung (**b**). (© Oksana Ableitner, AGES GmbH)

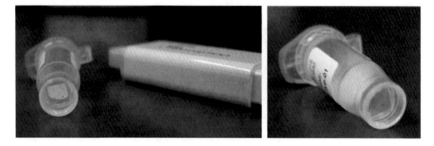

Abb. 2.33 Microarray-Tube mit einem Chip im Vergleich zu einem USB-Stick. (© Oksana Ableitner, AGES GmbH)

2.7   PFGE

In diesem Buch wird die PFGE-Methode am Beispiel der CHEF-Systems (eng. contour clamped homogeneous electric field) erklärt. Die Puls-Feld-Gel-Elektrophorese (PFGE) ist eine molekularbiologische Typisierungsmethode zur Trennung von großen DNA-Fragmenten, die die Darstellung des ganzen Genoms auf einem Foto erlaubt. Dadurch kann man PFGE-Muster der Bakterienstämme untereinander vergleichen, um den Verwandtschaftsgrad zu bestimmen.

Bei der PFGE verwendet man **keine PCR** als Vorstufe. Bei dieser Methode wird so viel DNA in Form einer **Zellsuspension** (Bakterien in einer Flüssigkeit) eingesetzt, dass die DNA-Vervielfältigung nicht notwendig ist.

Um den gesamten DNA-Faden während dem Arbeiten unbeschädigt erhalten zu können, werden die Zellen in einer speziellen PFGE-Agarose eingebettet. Die **Zellsuspension** wird mit der flüssigen, auf 54 °C temperierten, **Agarose** vermischt und in Form von Blöckchen (0,5 × 1 cm) gegossen (Abb. 2.34a, b). Dazu werden spezielle Förmchen (eng. plug molds) verwendet.

Wie in Abb. 2.35 dargestellt, besteht die DNA-Isolation aus drei Schritten. Im ersten Schritt werden die Blöckchen gegossen. Danach folgt die Lyse mit anschließenden Waschschritten.

Bei der **Lyse** werden die **Blöckchen** mit einer Lösung behandelt, die das Enzym Proteinase K enthält. Proteinase K ist eine biologisch aktive Substanz, welche die Proteine der Zellen abbauen kann (hydrolytische Spaltung). Durch eine Temperaturerhöhung auf 54 °C und der Zugabe von einem Detergenz wird

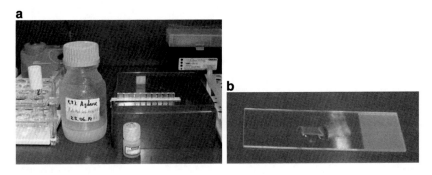

Abb. 2.34 (a) Blöckchen gießen bei der PFGE, (b) Agarose-Blöckchen mit DNA. (© Oksana Ableitner, AGES GmbH)

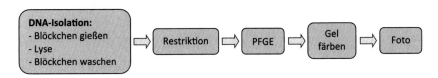

Abb. 2.35 Allgemeiner PFGE-Verlauf

die Aktivität der Proteinase K gesteigert. Während der Lyse wird die Zellmembran aufgebrochen und Proteine werden abgebaut. Am Ende liegt die DNA in den Blöckchen frei vor.

Nach der Lyse müssen alle Zellreste und Reagenzien aus den Blöckchen durch mehrfaches Waschen entfernt werden, um später einen möglichst klaren und schlierenfreien Gelhintergrund zu erhalten. Die gewaschenen Blöckchen werden mit einem **Restriktionsenzym** behandelt, welches die DNA an bestimmten Stellen schneidet. Das Enzym erkennt am DNA-Strang eine bestimmte Sequenz (z. B. TCTAGA) und trennt den DNA-Strang innerhalb dieser Sequenz auseinander. Ein Restriktionsenzym ist eine biologisch aktive Substanz, welche aus einem Bakterium gewonnen wird. Zum Beispiel wird das Restriktionsenzym *XbaI* aus dem Bakterium *Xanthomonas badrii* gewonnen. *XbaI* wird bei der PFGE für Salmonella verwendet.

Nach der Restriktion entstehen unterschiedlich lange DNA-Fragmente, die dann bei der Pulsfeldgelelektrophorese mit verschiedener Geschwindigkeit durch das Gel wandern. Je größer das Fragment, desto langsamer wandert es durch das Gel. Im Unterscheid zur konventionellen Gelelektrophorese (s. Abschn. 2.2) wandern DNA-Fragmente in der PFGE-Kammer nicht nur von oben nach unten, sondern in einem Zick-Zack-Kurs. Dabei wird Strom pulsartig nach einem festgelegten Programm geschaltet. Ein PFGE-Lauf dauert zwischen 20 und 22 h, wobei der Puffer, in dem sich das Gel befindet, ständig auf 14 °C gekühlt werden muss. Nach der Elektrophorese wird das Gel mit Ethidiumbromid behandelt (gefärbt), um Banden sichtbar zu machen. Wenn man das Gel in der Dunkelkammer mit UV-Licht beleuchtet, kann man die Banden fotografieren.

Als Beispiel einer PFGE-Methode ist in Abb. 2.36 ein detaillierter Verlauf der PFGE für Salmonella zu sehen.

Als Beispiele der PFGE-Ergebnisse sind zwei Gele in Abb. 2.37 und 2.38 angeführt. In Abb. 2.37 ist ein Salmonella PFGE-Gel zu sehen. Auf den Positionen 1, 5, 10 und 15 befindet sich ein Größenstandard, um die Fragmenten-Größen zuordnen zu können. Dazwischen sind Bakterienstämme (Lanes), die auf den ersten Blick gleich aussehen. Doch wenn man genauer hinschaut, bemerkt man die Unterschiede im unteren Bereich des Gels. Manchen Stämmen fehlt eine Bande.

In Abb. 2.38 ist ein Listeria PFGE-Gel zu sehen. Die Stämme auf den Positionen 3 und 4 sind gleich und die Stämme auf den Positionen 6 und 7 sind unterschiedlich. Man kann auf dem Listeria PFGE-Gel sieben verschiedene Muster erkennen.

PFGE für Salmonella

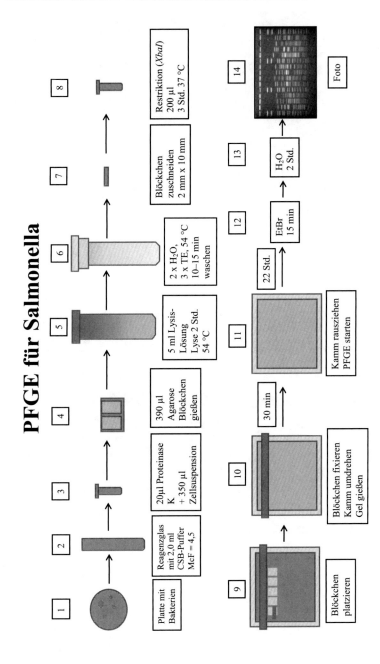

1	Platte mit Bakterien
2	Reagenzglas mit 2,0 ml CSB-Puffer McF = 4,5
3	20µl Proteinase K + 350 µl Zellsuspension
4	390 µl Agarose Blöckchen gießen
5	5 ml Lysis-Lösung Lyse 2 Std. 54 °C
6	2 x H₂O, 3 x TE, 54 °C 10–15 min waschen
7	Blöckchen zuschneiden 2 mm x 10 mm
8	Restriktion (XbaI) 200 µl 3 Std. 37 °C
9	Blöckchen platzieren
10	Blöckchen fixieren Kamm umdrehen Gel gießen
11	Kamm rausziehen PFGE starten
12	22 Std.
13	EtBr 15 min
14	H₂O 2 Std.
	Foto

Abb. 2.36 Detaillierter PFGE-Verlauf für Salmonella-Stämme. (Quelle: http://www.pulsenetinternational.org/protocols/pfge/ [19.08.2017])

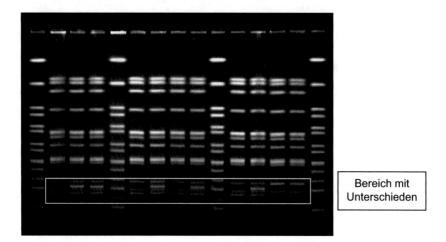

Abb. 2.37 Beispiel eines Salmonella PFGE-Gels mit fast gleichen Stämmen. (© Oksana Ableitner, AGES GmbH)

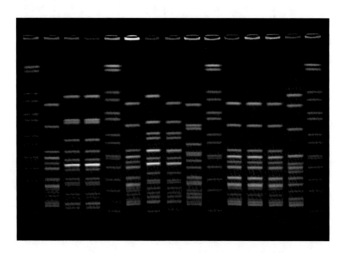

Abb. 2.38 Beispiel eines Listeria PFGE-Gels mit teilweise unterschiedlichen Stämmen. (© Oksana Ableitner, AGES GmbH)

Muster A:	Positionen 2, 6
Muster A1:	Positionen 11, 12, 13 unterscheiden sich von Muster A nur in eine Bande
Muster B:	Positionen 3, 4
Muster C:	Position 7
Muster C1:	Position 8 unterscheidet sich von Muster C in zwei Banden
Muster D:	Position 9
Muster F:	Position 14

Da die PFGE-Methode mehrstündige Vorbereitungsschritte beinhaltet, wird sie in Routinelabors nicht verwendet, sondern nur in den Referenzlabors, in denen **Ausbruchsabklärungen** durchgeführt werden. Als Ausbruch bezeichnet man eine gleichzeitige Erkrankung mehrerer Personen. Bei Ausbruchsabklärung geht es darum herauszufinden, was die Ansteckungsquelle war. Um die Ansteckungsquelle zu ermitteln, werden Stämme aus verschiedenen Quellen untersucht. Zum Beispiel die Bakterienstämme, die aus den Lebensmitteln (LM) oder aus dem Kot der Tiere (ZM) stammen. Die Bandenmuster von LM und ZM werden mit den Bandenmustern von Stämmen, die aus den Humanproben (h) gewonnen wurden, verglichen. In Abb. 2.39 ist so ein Vergleich ersichtlich.

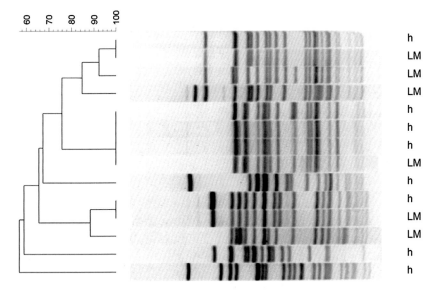

Abb. 2.39 Dendrogramm von Campylobacter-Stämmen verschiedener Herkunft. (© Oksana Ableitner, AGES GmbH)

Tab. 2.11 Vergleich von Gelelektrophorese und PFGE

Parameter	Gelelektrophorese	Puls-Feld-Gel-Elektrophorese (PFGE)
PCR als Vorstufe	Ja	**Nein**
Bearbeitungsform der DNA	Flüssig	Agarose-Blöckchen, die DNA enthalten
Vorbereitung zur Elektrophorese	Mix-Herstelllung	Blöckchen-Herstellung, Lyse und Restriktion
Strom	Gleichmäßig in eine Richtung (von oben nach unten)	**Pulsartig** in verschiedenen Richtungen nach einem bestimmten Schema, wobei die Hauptrichtung „von oben nach unten" bleibt
Dauer der Gelelektrophorese	30–60 min	18–22 Stunden
Größe der DNA-Fragmente	50–2000 bp	**20–20.000 kb** (20.000–20.000.000 bp)
Ziel der Methode	Nachweis der PCR-Produkte (Gene)	Erstellung eines PFGE-Profils (gesamtes Genom)

Um viele Stämme untereinander vergleichen zu können, werden die Gele mithilfe einer Software (z. B. BioNummerics) ausgewertet und in Form eines Dendrogramms dargestellt (Abb. 2.39). Der Verwandtschaftsgrad wird dabei in Prozent eingegeben. Die Stämme, die einem Ausbruch gehören werden als 100 % gleich dargestellt. Von oben gesehen ist ein humaner Bakterienstamm einem Bakterienstamm, der aus Lebensmitteln gewonnen wurde, gleich. Daraus kann man schließen, dass sich der Patient von diesem Lebensmittel angesteckt hat.

In Tab. 2.11 sind die Unterschiede zwischen einer einfachen Gelelektrophorese und einer Pulsfeldgelelektrophorese zusammengefasst. 1 Kilobasenpaare (kb) = 1000 Basenpaare (bp).

Chemisches Rechnen im Labor

3

In diesem Kapitel sind die notwendigsten Formeln zu Herstellung von Lösungen angeführt, die man in einem molekularbiologischen Labor braucht. Wichtig ist es, sich dabei die Unterschiede zwischen den unterschiedlichsten Einheiten zu merken, um bei der Arbeit keine Pipettierfehler zu machen und keine Reagenzien zu verschwenden.

3.1 Stoffmenge

Als **Stoffmenge** „n" bezeichnet man die Menge eines Stoffes, in Form der darin enthaltenen Teilchen. Jeder Stoff hat jeweils andere Teilchenart. Sie sind unterschiedlich groß und unterschiedlich schwer, je nachdem, welchen Stoff man betrachtet. Zum Beispiel ist die Atommasse eines Eisenatoms ist 55,8 u. Die Atommasse eines Natriumatoms ist 22,99 u. Die Anzahl der Teilchen in einem Mol ist immer gleich, unabhängig von dem Stoff.

Die Einheit der Stoffmenge ist das **Mol**. Die Stoffmenge von einem Mol entspricht $6,022146 \times 10^{23}$ Teilchen.

Nun sind die Teilchen unterschiedlich schwer. Deswegen wiegt ein Mol Eisen 55,8 g und ein Mol Natrium 22,99 g.

Die **Molmasse** (auch molare Masse, „M") ist eine Bezeichnung für die Masse eines Stoffes, bezogen auf die Stoffmenge von **1 mol**.

Die Molmasse eines Stoffes ergibt sich aus der Summe der molaren Massen bzw. der relativen Atommassen (im Periodensystem zu finden), der in der Molekülformel enthaltenen Elemente.

© Springer Fachmedien Wiesbaden GmbH 2018
O. Ableitner, *Einführung in die Molekularbiologie*, essentials,
https://doi.org/10.1007/978-3-658-20624-6_3

n – Stoffmenge (mol)	$n = m/M$	$n = c \cdot V$
m – Masse (g)		
c – Konzentration (mol/L)		
V – Volumen (L)		
M – Molmasse (g/mol)		

Zum Beispiel:

$M \text{ (NaCl)} = M \text{ (Na)} + M \text{ (Cl)} = 23 \text{ g/mol} + 35{,}5 \text{ g/mol} = 58{,}5 \text{ g/mol}$

$M \text{ (Na}_2\text{S)} = M \text{ (Na)} \cdot 2 + M \text{ (S)} = 23 \text{ g/mol} \cdot 2 + 32 \text{ g/mol} = 78 \text{ g/mol}$

3.2   Herstellung von Lösungen. Verdünnung

c_1 Konzentration der Stammlösung (ist bekannt)	$c_1 \cdot V_1 = c_2 \cdot V_2$
V_1 Volumen der Stammlösung (wird gesucht)	
c_2 Konzentration der verdünnten Lösung (ist bekannt)	
V_2 Volumen der verdünnten Lösung (ist bekannt)	

Beispiel

Man möchte 200 ml 0,5M (0,5 mol/L) NaCl-Lösung aus 2M (2 mol/L) NaCl-Lösung herstellen.

Bekannt ist

$c_1 = 2 \text{ mol/L}$

$c_2 = 0{,}5 \text{ mol/L}$

$V_2 \text{ (NaCl-Lösung)} = 0{,}2 \text{ L}$

Wie viel ml NaCl-Lösung mit Konzentration 2M braucht man, um 200 ml der 0,5M-Lösung herzustellen?

$V_1 \text{ (NaCl-Lösung)} = ?$

Aufgabenlösung

$c_1 \cdot V_1 = c_2 \cdot V_2$

Umformung: $V_1 = (c_2 \cdot V_2)/c_1$

$V_1 \text{ (NaCl-Lösung)} = (0{,}5 \text{ mol/L} \cdot 0{,}2 \text{ L})/2 \text{ mol/L} = 0{,}05 \text{ L} = 50 \text{ ml}$

Antwort: Für die Herstellung von 200 ml der 0,5M-Lösung braucht man 50 ml der 2M-NaCl-Lösung, die mit Wasser auf 200 ml aufzufüllen ist.

3.3   Zusammenhänge zwischen Masse (m), Molmasse (M), Stoffmenge (n) und Volumen (V)

Beispiel

Man möchte 500 ml (0,5 L) NaCl-Lösung mit der Konzentration von 2 mol/L (2M) herstellen.

Bekannt ist

V = 500 ml NaCl-Lösung

c = 2 mol/L

Wie viel Gramm NaCl soll man einwiegen?

m (NaCl) = ?

Aufgabenlösung

M (NaCl) = 23 g/mol + 35,5 g/mol = 58,5 g/mol

n = c · V

n (NaCl) = 2 mol/L · 0,5 L = 1 mol

m = M · n

m (NaCl) = 58,5 g/mol · 1 mol = 58,5 g

Antwort: Für die Herstellung von 500 ml der 2M-NaCl-Lösung braucht man 58,5 g NaCl, das in 500 ml Wasser aufzulösen ist.

„Molbio" in Stichworten 4

DNA – Desoxyribonukleinsäure (das „A" bei DNA steht für „acid")

RNA – Ribonukleinsäure (das „A" bei RNA steht für „acid")

Nukleinsäuren bestehen aus drei Bausteinen:

> **Zucker** (Ribose oder Desoxyribose)
> **Phosphorsäure** (Phosphat)
> **Base (A, T, G, C, U).**

Nukleosid = Zucker + Base

Nukleotid = Phosphat + Zucker + Base

Einzelstrang

Komplementärer Doppelstrang

Die beiden Basen, die sich im DNA-Doppelstrang gegenüberstehen und die Wasserstoffbrücken ausbilden, nennt man **komplementär.**

Thymin und Adenin (**T-A**) sind komplementär

Cytosin und Guanin (**C-G**) sind komplementär

DNA-Doppelstränge winden sich um die eigene Achse zu einer Spirale, der **Doppelhelix.**

Das 5'-Ende des einen Stranges liegt dem 3'-Ende des anderen gegenüber und umgekehrt.

© Springer Fachmedien Wiesbaden GmbH 2018
O. Ableitner, *Einführung in die Molekularbiologie,* essentials,
https://doi.org/10.1007/978-3-658-20624-6_4

Die beiden DNA-Einzelstränge sind zueinander **antiparallel** geordnet.

Unterschiede der beiden Nukleinsäuren **RNA** und **DNA:**

1. **Ribose** (RNA), **Desoxyribose** (DNA).
2. **Thymin** (DNA), **Uracil** (RNA).
3. In der Regel besteht die RNA aus einem **Einzelstrang** und die DNA aus einem **Doppelstrang.**

PCR

Polymerase-Ketten-Reaktion (PCR engl. *polymerase chain reaction*)
Ziel: Vervielfältigung der DNA-Fragmente (Amplifikation)
Prinzip: Primer-Startmoleküle lagern sich spezifisch an, die Taq-Polymerase knüpft Nukleotide an den Primer und so entsteht ein Komplementärstrang.
Gerät: Thermocycler

Reagenzien für die PCR:

- DNA-Isolat
- 2 Primer: kurze Oligonukleotide, Startpunkte für die PCR
- Taq-Polymerase
- Desoxyribonukleotide (dNTPs)
- Mg^{2+}-Ionen,
- Pufferlösungen

PCR-Zyklus besteht aus:

1. Denaturation *(Doppelstrang-Trennung)* bei 95 °C
2. Annealing *(Primer-Anlagerung)* bei 52–65 °C, Temperatur ist primerspezifisch
3. Elongation *(Primer-Verlängerung)* bei 72 °C, Aktivierung der Taq-Polymerase

Ein Beispiel des PCR-Programms für den Thermocycler:

1)   Initialisierung: 95 °C, 10 min;

2)   Denaturierung: 95 °C, 50 s; Trennung des Doppelstranges

3)   Primer-Anlagerung: 62 °C, 40 s; Anlagerung der Primer an den DNA-Strang

35 Zyklen

4)   Primer-Verlängerung: 72 °C, 60 s; Aktivierung der Taq-Polymerase, die am 3'-Ende des Primers die Nukleotide anknüpft und einen komplementären DNA-Strang bildet

5)   Abkühlung auf 4 °C, um PCR-Produkte sicher aufzubewahren

Nach „n" Zyklen werden aus einem DNA-Fragment 2^n-DNA-Fragmente synthetisiert. Zum Beispiel: nach 35 Zyklen werden 34359738370 Kopien des DNA-Fragmentes synthetisiert.

$$2^{35} = 34359738370$$

Gelelektrophorese

Ziel: PCR-Produkte sichtbar zu machen, nachweisen.
Gerät: Gelelektrophoreseapparatur
Bei dieser Methode kommt es zur Trennung der DNA-Fragmente der Größe nach.
Es wird ein Vergleich mit den bekannten Größen (Größenstandard) gemacht.
Kleinere Fragmente wandern schneller, große Fragmente wandern langsamer.
DNA-Abschnitte sind **negativ** geladen.
DNA-Abschnitte wandern zum **positiven Pol.**

Hauptschritte der Gelelektrophorese:

• Gießen des Gels, Mixherstellung (PCR-Produkt, Loading Buffer, Wasser),
• Befüllen der Taschen (Slots),
• Gel in einer Gelelektrophoreseapparatur laufen lassen (Strom anlegen)
• Gel mit Ethidiumbromid färben,
• Gel unter UV-Licht fotografieren,
• Auswertung der Bandenmuster.

Real-time PCR

Ziel: Vervielfältigung und Detektion der DNA-Fragmente.
Gerät: LightCycler®

Sonden: TaqMan-Sonde oder Hybridisierungs-Sonden.

1. TaqMan-Sonde: Detektion bei Sonden-Hydrolyse (Zerfall)
2. Hybridisierungs-Sonden: Detektion bei Sonden-Anlagerung

CT-Wert, Schmelzpunkt (Tm)
Fluoreszenz-Energietransfer

Sequenzierung nach „Sanger"

Ziel: Bestimmung der Nukleotid-Reihenfolge (Basenreihenfolge) in einem DNA-
     Abschnitt
Geräte: Thermocycler, Sequenzer

Allgemeines Schema für die Sequenzierung:

1. DNA-Isolierung
2. Amplifikations-PCR
3. Gelelektrophorese zur PCR-Kontrolle
4. Aufreinigung des PCR-Produktes A
5. Sequenzierungs-PCR
6. Aufreinigung des PCR-Produktes B
7. Kapillarelektrophorese
8. Datenbank-Vergleich

Reagenzien für die Amplifikations-PCR:

- DNA-Isolat
- DNA-Polymerase
- Primer (F, R)
- Mg^{2+}-Ionen
- Desoxyribonukleotide (dNTPs)
- Puffer

Reagenzien für die Sequenzierungs-PCR:

* PCR-Produkt aus der Amplifikations-PCR
* DNA-Polymerase
* Primer F oder Primer R, getrennt eingesetzt (zwei PCR-Tubes)
* Mg^{2+}-Ionen
* **Desoxy**ribonukleotide (dNTPs)
* **Didesoxy**ribonukleotide (ddNTPs)
* Puffer

MLST-Methode

eng. **Multi-locus sequence typing**
Ziel: Typisierung von Organismen durch Bestimmung der Allele
Geräte: Thermocycler, Sequenzer
Bestimmte Bereiche des Genoms werden sequenziert und danach mit den
  bekannten Referenzsequenzen in der MLST-Datenbank verglichen. Die
  Sequenzen werden entsprechenden Allelen zugeordnet. Zum Schluss bekommt
  man aufgrund der Kombination von Allelennummern den Sequenztyp (ST).

Microarray-Technologie

Ziel: Nachweis von Genen durch Vervielfältigung der DNA-Fragmente (Multiplex-
  PCR) und Hybridisierung auf einem Chip.
Chip (ca. 4 × 4 mm), über 100 Primer-Paare.
Nur dort, wo die PCR-Produkte haften, entsteht ein Punkt. Biotin-Streptavidin-
  Komplex.
Eine Software legt ein Gitter auf das Chip-Foto und kann so die Anwesenheit der
  Gene berechnen.
Geräte: Thermocycler, Array-Reader, Thermomixer

PFGE

Puls-**F**eld-**G**el-**E**lektrophorese (PFGE)
Ziel: feine Trennung der DNA-Fragmente, die die Darstellung des ganzen
  Genoms auf einem Foto erlaubt, um Stämme untereinander zu vergleichen.
  Typisierung.

Allgemeines Schema für die PFGE:

1. DNA-Isolation (Blöckchen gießen, Lyse, Blöckchen waschen)
2. Restriktion
3. PFGE-Lauf (21–22 Std)
4. Gel mit Ethidiumbromid färben
5. Foto und Auswertung

Geräte: PFGE-Anlage, Thermomixer, Wasserbad

Formeln

Verdünnungsformel $c_1 \cdot V_1 = c_2 \cdot V_2$
Konzentration $c = n/V$
Stoffmenge $n = c \cdot V$ $n = m/M$
Molmasse $M = m/n$
Masse $m = M \cdot n$

Die Einheiten für die Konzentrationsangaben sind in Tab. 4.1 und 4.2 dargestellt.

Tab. 4.1 Einheiten für die Konzentrationsangabe

Konzentrationsangabe	Umwandlungen der Konzentrationsangaben
1M	$M = mol/L$
1pM	$pM = pmol/L = 10^{-12} mol/L$
1µM	$µM = µmol/L = 10^{-6} mol/L$
1pmol/µl	$pmol/µl = 10^{-12} mol/10^{-6}L = 10^{-6} mol/L = µmol/L = µM$

Tab. 4.2 Verschiedene Einheitsgrößen

Symbol	Bezeichnung	Größe
m	milli	10^{-3}
µ	mikro	10^{-6}
n	nano	10^{-9}
p	piko	10^{-12}
1 ml	Milliliter	0,001 L
1 µl	Mikroliter	0,000001 L

Was Sie aus diesem *essential* mitnehmen können

- Das Erbgut aller Lebewesen liegt in Form von Nukleinsäuren (DNA oder RNA) vor.
- Die Nukleinsäuren bestehen aus Nukleotiden.
- Ein Nukleotid besteht aus Zucker, Phosphorsäure und Stickstoffbase.
- Es gibt 5 Arten von Stickstoffbasen und dementsprechend 5 Arten von Nukleotiden.
- Die DNA ist ein Polynukleotid in Form einer Doppelhelix.
- Die zwei DNA-Einzelstränge werden durch Wasserstoffbrücken zwischen den komplementären Basenpaaren zusammengehalten.
- DNA enthält Adenin, Guanin, Cytosin, Thymin, Desoxyribose und ist doppelsträngig.
- RNA enthält Adenin, Guanin, Cytosin, Uracil, Ribose und ist einzelsträngig.
- Gene sind Abschnitte der DNA, die für bestimmte Eigenschaften verantwortlich sind.
- Die Reihenfolge der Nukleotide in einem DNA-Abschnitt heißt DNA-Sequenz.
- Man kann DNA-Abschnitte mittels einer PCR vervielfältigen.
- Um PCR durchführen zu können, braucht man unter anderem Primer und DNA-Polymerase.
- Bei einer Real-time PCR werden DNA-Abschnitte mittels eines fluoreszierenden Markers sichtbar gemacht.
- Bei der PFGE-Methode werden spezielle Enzyme verwendet, welche die DNA an spezifischen Stellen schneiden.

© Springer Fachmedien Wiesbaden GmbH 2018
O. Ableitner, *Einführung in die Molekularbiologie,* essentials,
https://doi.org/10.1007/978-3-658-20624-6

Glossar

Agarose Weißes Pulver, das aus Meeresalgen gewonnen wird. Nach der Zugabe von Wasser (bzw. Puffer) lässt sich das Agarose-Pulver in einer Mikrowelle lösen. Durch Erhitzen entsteht eine transparente, zähe Flüssigkeit. Diese Flüssigkeit erstarrt nach 30 min bei Raumtemperatur und bildet eine gelartige Substanz, in der Fragmente der Nukleinsäuren unter Einfluss des elektrischen Feldes der Größe nach getrennt werden können.

Allel Eine von zwei oder mehr alternativen Formen desselben Gens mit charakteristischer Nukleotidsequenz, die alle auf einem spezifischen Lokus eines gegebenen Chromosoms oder einer Kopplungsgruppe vorkommen (Weber 1997, S. 31).

Amplifikation Ein Schritt bei der PCR, bei dem die DNA-Fragmente vervielfältigt werden.

Annealing Ein Schritt bei der PCR, bei dem die komplementäre Anlagerung (Adenin an Thymin, Guanin an Cytosin) eines Primers an einen spezifischen Abschnitt der einzelsträngigen DNA stattfindet.

Banden Bezeichnung der horizontalen Striche, die man auf einem Gel nach einer Gelelektrophorese sieht. Es sind die DNA-Fragmente mit unterschiedlicher Länge.

Base Bezeichnung in der Molekularbiologie für die Stickstoffbasen Adenin, Guanin, Cytosin, Thymin und Uracil. Diese Bezeichnung wird auch für die Nukleotide verwendet, weil in einem DNA- bzw. RNA-Strang der Unterschied zwischen den einzelnen Nukleotiden nur in den Stickstoffbasen liegt.

© Springer Fachmedien Wiesbaden GmbH 2018
O. Ableitner, *Einführung in die Molekularbiologie,* essentials,
https://doi.org/10.1007/978-3-658-20624-6

bp Abkürzung für **B**asen**p**aare (Nukleotid-Paare), die einander in zwei komplementären DNA-Strängen gegenüberstehen. Diese Einheit (bp) verwendet man, um die Größe der DNA-Fragmente anzugeben.

Cofaktor Anorganische oder kleine organische Komponenten, die für die Aktivität eines Enzyms verantwortlich sind. Im einfachsten Fall sind das Metallionen.

ddNTPs Abkürzung für ein Gemisch aus *Di*desoxyribonukleosidtriphosphaten (ddGTP, ddCTP, ddATP, ddTTP). Die ddNTPs sind Nukleotide, die *Di*desoxyribose enthalten. Sie werden auch Stop-Nukleotide genannt. Solche Nukleotide werden bei der Sequenzierung nach „Sanger" verwendet.

DNA-Doppelhelix Griech. „helix" = Windung, Spirale, wendelförmig. Räumliche DNA-Struktur. Auf diese Art werden zwei DNA-Einzelstränge stabil miteinander verbunden.

DNA-Polymerase In allen Lebewesen vorkommendes Enzym, das die Anbindung von Nukleotiden (dATP, dCTP, dGTP, dTTP) an den DNA-Einzelstrang ermöglicht.

dNTPs Abkürzung für ein Gemisch aus Desoxynukleosidtriphosphaten (dGTP, dCTP, dATP, dTTP). „d" steht für desoxy-, „N" für Nukleosid, „T" für -tri-, „P" für -Phosphat.

Enzym Ein Protein, das hocheffizient und spezifisch als biologischer Katalysator wirkt (Weber 1997, S. 182). Enzyme sind in allen Zellen enthalten. Sie beschleunigen bestimmte biochemische Reaktionen, ohne selbst verbraucht zu werden (z. B. Synthese oder Abbau). Der Name eines Enzyms endet oft auf „-ase" (z. B. Polymer**ase**, Protein**ase**)

Extension (Elongation) Ein Schritt bei der PCR, in dem eine Verlängerung des Primers durch komplementären Einbau von Nukleotiden durch ein Enzym stattfindet. Es werden Adenin zu Thymin, Guanin zu Cytosin dazu gebaut.

Fluoreszenz Die Eigenschaft eines Stoffes zu leuchten, welche bei einer Realtime PCR verwendet wird. Lichtemission (ein Leuchten) der Moleküle, die vorher durch Licht einer bestimmten Wellenlänge angeregt wurden.

FRET **F**luoreszenz-**R**esonanz-**E**nergie-**T**ransfer, ein physikalischer Prozess, bei dem die Energie eines durch Licht angeregten Farbstoffes (Donor) auf einen zweiten Farbstoff (Akzeptor) übertragen wird. Nur dann findet

Lichtemission (Lichtstrahlung) statt. Solche Farbstoff-Paare können für die Sonden (Hybridisierungssonden) bei einer Real-time PCR verwendet werden.

Gelelektrophorese Eine Methode zur Analyse der DNA-Fragmente, die während der PCR entstanden sind. DNA-Fragmente werden unter dem Einfluss des elektrischen Feldes der Größe nach getrennt. Als Medium für die Trennung wird am häufigsten Agarose verwendet. Kleinere Fragmente wandern schneller durch das Agarose-Gel, größere Fragmente wandern langsamer. Diese Methode wird bei solchen Proben eingesetzt, die DNA-Fragmente in der Größe von etwa 50–2000 bp (0,05–2 kb) enthalten.

Gen Ist ein DNA-Abschnitt mit einer Reihenfolge (Sequenz) von Nukleotiden (Basen), auf dem meistens die Information für ein Protein verschlüsselt ist. Ein Gen ist eine physikalische und funktionelle Einheit des Erbgutmaterials.

Genom Das gesamte genetische Material einer Zelle oder eines Organismus (Hetzke 1990, S. 233). Alle Gene, die sich auf dem DNA-Strang befinden.

Hybridisierungs-Sonden Zwei Sonden (Donor und Akzeptor), die bei der Real-time PCR eingesetzt werden. Jede Sonde ist ein Oligonukleotid, das jeweils mit einem Farbstoff markiert ist. Zum Beispiel Farbstoff – Fluoreszein beim Donor und Farbstoff – LC®Red640 beim Akzeptor. Während der Annealing-Phase der PCR lagern sie sich sehr nah zueinander an ihre komplementäre Sequenz innerhalb des PCR-Produkts an. Nach der Anregung durch Licht mit einer bestimmten Wellenlänge entsteht Lichtemission durch FRET. Dadurch kann das PCR-Produkt detektiert werden.

kb Abkürzung für **Kilobasen**, 1000 Basenpaare. Diese Einheit (kb) verwendet man, um die Größe von DNA-Fragmenten anzugeben.

Komplementär (frz. complementaire) ergänzend, zueinander passend. Eine Art, mit der die Basen in den Nukleinsäuren die Bindungen miteinander eingehen. Adenin mit Thymin oder Uracil, Guanin mit Cytosin.

Lanes [leɪns] Vertikale Bahnen, die man auf dem Gel nach einer Gelelektrophorese sieht. Die Lanes enthalten ein oder mehrere Banden, horizontale Striche. Jeweils eine Bande enthält die DNA-Fragmente gleicher Länge.

Microarray-Technologie [ˌmaɪkrəə'reɪ] Eine auf einem Chip (4 × 4 mm) basierende Methode. Der Chip enthält über 100 Bindungsstellen, die bestimmten Genen entsprechen. Falls ein Gen in der Probe vorhanden ist, wird es durch einen Punkt dargestellt.

MLST-Methode (eng. **Multi-Locus Sequence Typing**) Das Ziel von dieser Typisierungsmethode ist es, Genomabschnitte verschiedener Organismen einer Spezies untereinander zu vergleichen, um Unterschiede in bestimmten MLST-Genen herauszufinden. Dazu werden bestimmte Bereiche des Genoms sequenziert und danach mit den bekannten Referenzsequenzen in der MLST-Datenbank verglichen. Nach einer Kombination der Allelennummer wird der Sequenztyp zugeordnet.

Multiplex-PCR Ist eine PCR, bei der mindestens 2 verschiedene Gene nachgewiesen werden können. Der Reagenzien-Mix für eine Multiplex-PCR enthält mehrere verschiedene Primer-Paare.

Mutation Bleibende Veränderung des genetischen Materials (Hetzke 1990, S. 240). Diese Veränderung betrifft die Basenreihenfolge in der Primärstruktur der DNA. Eine Veränderung der Basenreihenfolge (Nukleotid-Reihenfolge) geschieht durch Austausch, Entfernen oder Hinzufügen eines oder mehrerer Nukleotide. Mutationen können vererbbar sein oder spontan entstehen. Auch die Veränderung einer einzigen Base kann für den Organismus gravierende Folgen haben.

Nukleosid Ein Molekül bestehend aus Zucker (Ribose oder Desoxyribose) und einer von fünf Basen (Adenin, Guanin, Cytosin, Thymin, Uracil).

Nukleotid Ein Molekül bestehend aus Zucker (Ribose oder Desoxyribose), einer von fünf Basen (Adenin, Guanin, Cytosin, Thymin, Uracil) und einem Phosphatrest (Monophosphat, Diphosphat oder Triphosphat).

Nukleinsäure Ein Polymer, das aus Monomeren (Nukleotiden) besteht.

Oligonukleotid Natürlich oder chemisch synthetisierte Kette von Nukleotiden (Mononukleotide), die über eine Phosphatbrücke miteinander verbunden sind (Hetzke 1990, S. 241). Am häufigsten werden Oligonukleotide mit 20–40 Nukleotiden synthetisiert.

PCR engl. **P**olymerase **c**hain **r**eaction = Polymerase-Kettenreaktion. Eine „In-vitro-Methode" (außerhalb von Lebewesen) für die enzymatische Vervielfältigung der spezifischen DNA-Fragmente, deren Sequenz (Nukleotid-Reihenfolge) bekannt ist (vgl. Brand 1992, S. 185).

PFGE (**P**ulsfeldgelelektrophorese) Eine Methode zur Analyse der DNA-Fragmente in einer Probe (Zellsuspension). DNA-Fragmente werden unter dem Einfluss des rhythmisch pulsierenden elektrischen Feldes der Größe nach getrennt. Kleinere Fragmente wandern schneller durch das Gel, größere Fragmente wandern langsamer. Als Medium für diese Trennung wird ein spezielles PFGE-Agarose-Gel verwendet. Diese Methode wird für Proben eingesetzt, die DNA-Fragmente in der Größe von etwa 20–2000 **kb** enthalten, also viel größere Fragmente als bei der üblichen Gelelektrophorese mit einem homogenen elektrischen Feld. PFGE wird z. B. bei Ausbruchsabklärungen verwendet, um die Ansteckungsquelle bei mehreren gleichzeitig erkrankten Personen herauszufinden.

Phosphat Ein Anion PO_4^{3-}, also ein negativ geladenes Teilchen, das aus der Phosphorsäure (H_3PO_4) entstanden ist.

Primer [ˈpraɪmər] Einzelsträngiges Oligonukleotid, das sich komplementär an den DNA-Einzelstrang anlagert und von der Taq-Polymerase verlängert wird. Der Primer, der Startmolekül genannt wird, besitzt eine freie 3'-OH-Gruppe, an die die Taq-Polymerase die dNTPs anbindet.

Quencher [kwen(t)ʃər,] „Löscher" Molekül, das die Anregungsenergie (Anregung der Teilchen durch Lichtstrahlung) von dem Nachbarmolekül (Reporter-Farbstoff) strahlungslos übernimmt. Sobald Reporter und Quencher räumlich voneinander getrennt werden, kann der Quencher keine Anregungsenergie mehr übernehmen und der Reporter-Farbstoff emittiert Fluoreszenzlicht (er leuchtet).

Resistenz Widerstandsfähigkeit. Vererbbare Eigenschaft bei Bakterien, die ihnen unter Einfluss von Antibiotika und anderen chemischen Einflüssen das Überleben ermöglicht. Resistenz-Gene befinden sich oft auf Plasmiden (kleine ringförmige DNA-Doppelstränge).

Robustheit einer Methode Eine Methode ist ausreichend robust für den Einsatz im Routinelabor, wenn unabhängig von unterschiedlichen Variablen (Operator, Chargen der Reagenzien, Gerät) immer gleiche Ergebnisse erzielt werden.

Sequenz Reihenfolge der Nukleotide auf einem DNA-Strang. Zum Beispiel, eine kurze Sequenz mit fünf Nukleotiden: „acctg" oder „ACCTG". Die Groß- und Kleinbuchstaben werden gleichermaßen für die Beschreibung der Sequenz benutzt.

Sequenzierung Ein Verfahren, mit dem man die Reihenfolge (Sequenz) von Nukleotiden auf einem DNA-Strang bestimmen und dadurch die Information über ein oder mehrere Gene erhalten kann. Im Falle der

Sequenzierung des ganzen Genoms eines Lebewesens, entschlüsselt man den genetischen Code. Die Methode wird auf einem Sequenzer durchgeführt, der mit einem Computer verbunden ist. Als Ergebnis erscheint am Computer bildschirm eine lange Reihe an Peaks, die den Buchstaben (Nukleotiden) zugeordnet werden.

Sensitivität einer Methode Eine Methode ist sensitiv, wenn schon eine sehr geringe Menge an gesuchtem Parameter, z. B. „stx2c"-Gen bei *E. coli,* eindeutig nachweisbar ist.

Spezifität einer Methode Eine Methode ist spezifisch in Bezug auf einen gesuchten Parameter, wenn sie keine falsch positiven Ergebnisse liefert. Das bedeutet, dass das Produkt nur dann entsteht, wenn das gesuchte Merkmal vorhanden ist. Sonst bildet sich kein PCR-Produkt und die Probe ist negativ.

TaqMan-Sonde Einzelsträngiges Oligonukleotid, das mit zwei Farbstoffen (z. B. TAMRA als Quencher und 6-FAM^{TM} als Reporter) auf beiden Enden markiert ist. Solange der Reporter und der Quencher sich in unmittelbare Nähe zueinander befinden, unterdrückt der Quencher die Fluoreszenz von dem Reporter-Farbstoff. Bei der Amplifikation (PCR-Schritt) wird der Reporter-Farbstoff von dem Quencher getrennt, dadurch wird die Fluoreszenzunterdrückung aufgehoben und der Reporter-Farbstoff kann Fluoreszenzlicht emittieren.

Literatur

Brand, K. (1992). *Taschenlexikon der Biochemie und Molekularbiologie* (1. Aufl.). Heidelberg: Quelle & Meyer.

Czerwenka, K. (2003). *Einführung in die Molekularbiologie* (1. Aufl.). Wien: Wilhelm Maudrich.

Graw, J. (2006). *Genetik* (4. Aufl.). Berlin: Springer.

Harbottle, H., et al. (2006). Comparison of multilocus sequence typing, pulsed-field gel electrophoresis, and antimicrobial susceptibility typing for characterization of Salmonella enterica serotype Newport isolates. *Journal of Clinical Microbiology, 44,* 2449–2457.

Hetzke, M., Kulozik, A., & Bartram, C. (1990). *Einführung in die Medizinische Molekularbiologie: Grundlagen, Klinik, Perspektiven* (1. Aufl.). Berlin: Springer.

Perelle, S., et al. (2004). Detection by 5'-nuclease PCR of Shiga-toxin producing Escherichia coli O26, O55, O91, O103, O111, O113, O145 and O157:H7. *Molecular and Cellular Probes, 18,* 185–192.

Reischl, U., et al. (2002). Real-time fluorescence PCR assays for detection and characterization of Shiga toxin, intimin, and enterohemolysin genes from Shiga toxin-producing Escherichia coli. *Journal of Clinical Microbiology, 40,* 2555–2565.

Scheutz, F., et al. (2012). Multicenter evaluation of a sequence-based protokol for subtyping Shiga toxin and standardizing Stx nomenclature. *Journal of Clinical Microbiology, 50,* 2951–2963.

Suerbaum, S., et al. (2016). *Medizinische Mikrobiologie und Infektiologie* (8. Aufl.). Heidelberg: Springer.

Weber, H., et al. (1997). *Wörterbuch der Mikrobiologie* (1. Aufl.). Jena: Gustav Fischer.

© Springer Fachmedien Wiesbaden GmbH 2018   83
O. Ableitner, *Einführung in die Molekularbiologie,* essentials,
https://doi.org/10.1007/978-3-658-20624-6

Printed in the United States
By Bookmasters